수학자들

수학자들

세계적 수학자 54인이 쓴 수학 에세이

마이클 아티야, 알랭 콘, 세드릭 빌라니, 김민형 외 지음
장 프랑수아 다르스, 아닉 렌, 안느 파피요 엮음
권지현 옮김

궁리
KungRee

수업시간에 거론되는 수학자들이 실제로 어떻게 생겼는지 학생들에게 보여주고 싶을 때가 있다. 수학자들을 멋있게 찍은 사진을 찾는 일은 대부분 힘들고 성과도 좋지 않다. 사진을 누가, 언제 찍었는지 알아내기는 더 힘들다. 이 책 『수학자들』이 소중한 이유가 바로 그것이다. 이 책에는 유명한 수학자들이 등장하고, 사진도 언제, 어디에서 찍었는지 정확히 알 수 있다. 특히 역사학자들이 이 책의 진가를 알아볼 것이다. 무엇보다도 연구에 몰두하는 수학자와 이론물리학자들의 생동감 있는 사진은 한 공간의 삶과 그 공간을 찾는 사람들의 삶에 대한 아름다운 기록이다. - 페르난도 고베아(콜비 대학 수학과 교수)

이 책은 재미와 통찰력, 유쾌함이 넘쳐난다. "수학, 이건 배워서 어디다 써먹어요?"라고 묻는 학생들에게 그 너머를 볼 수 있는 계기를 선사하는 동시에, 수학이 공학 등 다른 과학 분야로 나아가기 위한 수단이 아니라 하나의 분야로서 더 많은 관심을 불러일으키는 데도 도움을 주고 있다. 교사와 학생 모두에게 일독을 권한다. - 앨런 제이콥스(수학 교사)

수학에 대해 다루었지만 정리나 증명이 아닌, 수학이 삶인 수학자들의 경험이라는 각도에서 찍은 생생하고 흔치 않은 사진들까지 오롯이 담아낸 수학 에세이! -《첸트랄블라트 마트(Zentralblatt MATH)》

수학 연구에 있어서 최고의 권위를 자랑하는 프랑스 고등과학연구소라는, 매우 특출한 인재들을 위한 작은 천국에 바치는 찬가! 전 세계에서 찾아와 머물다 간 연구자들은 수학의 세계가 얼마나 글로벌화했는가 보여준다. 이 매력적인 작은 책은 학문에 대한 호기심과 열정을 계속 꿈꾸게 만든다. - 장미셸 칸토어, 《매서매티컬 인텔리전서(The Mathematical Intelligencer)》

프랑스의 고등과학연구소는 수학과 이론물리학 분야의 우수한 연구기관이다. 이 책은 그곳 연구원들의 사진과, 수학에서 철학까지 망라한, 그들이 직접 쓴 짧은 글도 실었다. 누구나 재미있게 읽을 수 있는 책이다. -《EMS 뉴스레터》

수학이란 무엇일까? 수학자들은 누구이고 어떤 일을 할까? 그저 복잡한 수식이나 계산할까? 이 책은 수학과 이론 물리학 분야에서 손꼽히는 프랑스 고등과학연구소(IHÉS)에서 생활하는 수학자들의 생생한 삶을 들여다볼 수 있는 창이다. 고등과학연구소는 단순히 공부하는 사람들이 모인 곳이 아니다. 수학을 통해, 나아가 과학을 통해 '깨닫기를 원하는 사람들'이 함께하는 곳이다. 열정적인 수학자들이 머리를 맞대고 자신의 연구를 비롯하여 학문적 교류를 나누며 '아하, 그렇구나! 이 이론들을 서로 연결하면 이렇게 되는구나!' 하고 깨달음을 얻을 수 있는 넓고 깊은 만남의 장……. 이곳에서 수학자들은 새로운 아이디어, 증명, 창의적인 생각을 공유하며, 다양하고 복잡한 상황을 명료하게 꿰뚫어볼 줄 아는 통찰력을 더한층 키워나간다.

　국경과 인종을 초월하여 전 세계적으로 생각을 나누는 50여 명의 쟁쟁한 수학자와 세계적 석학, 필즈 상 수상자, 젊은 박사논문 준비생들이 저마다 수학을 바라보는 관점을 진솔하게 풀어놓는 이 책에서, 독자들은 수학이라는 학문에 관한 고찰을 비롯하여 '수를 해독하는 자들'의 일상, 수학에 대한 흥미로운 추억과 일화, 수학자들이 직접 털어놓는 그들의 헌신과 열정, 희열과 좌절에 관한 증언까지 살펴볼 수 있다. 무엇보다 점수와는 무관하게 창의적으로 수학을 즐기고, 과학을 만끽하고 생활화하는 데 의미를 더하는 책이 될 것이다.

2014년 8월
고등과학원(KIAS) 원장
금종해

프롤로그

어느 날 우리는 우연의 파도에 밀려 프랑스 슈브뢰즈 계곡에 자리한 고등과학연구소(IHÉS)라는 경이로운 해안가에 다다랐다. 그때 우리는 신드바드의 모험에 등장하는 조난자들처럼 미지의 섬에 사는 사람들의 풍속에 경탄해 감히 입을 다물지 못했다. 오래된 습관은 우리로 하여금 고독한 연구실에 있는 그들을 사진으로 담게 했다. 북쪽 건물 대강의실들의 삼단칠판을 길게 펼치고, 분필과 연필 끝으로 대화하며, 상대방의 말을 빨아들이는 그들을…….

그들 중 누군가가(그는 가장 뛰어난 학자 중 한 사람이었다) 사진들을 훑어보더니 "각자 짧은 글을 쓴다면" 책으로 엮을 수 있으리라 했다. 그리고 놀랍게도 그들은 모두 게임에 동참해주었다. 짧고, 위대하고, 격렬하고, 미묘하며, 암시적이기도 하고 직설적이기도 한 글들이 가을 낙엽 떨어지듯 속속들이 도착했다. 잠시 거쳐 가거나 더 오래 머물고 있는 수학자, 이론물리학자, 생물학자, 박사 논문 준비자, 명망 있는 연구자들로 이뤄진, 본질적으로는 허물어지기 쉬운 이 인간 집단은 망망대해에 수많은 작은 병들을 던졌다. 그 병들은 이 해안가에 발을 들여놓을 기회가 없었던 친애하는 독자 여러분과 우리 같은 육지 사람들을 향한 것이었다.

장 프랑수아 다르스, 아닉 렌, 안 파피요

차례

추천의 글 4 ㅣ 감수자의 글 5 ㅣ 프롤로그 7

마이클 아티야   꿈 13

인터루드 14

알랭 콘   가혹한 현실 15

오용근   인식의 지평선 넘어 27

디르크 크라이머   태즈메이니아의 감미로운 입맞춤 33

캐런 예이츠   퍼즐 37

파울루 알메이다   구조화된 분노 39

응오 바오 쩌우   타타르족의 사막 42

폴 올리비에 드에   이국 취향 46

막간극 48

소피 드 빌   호기심 54

티보 다무르   샤르트르 거리의 포석과 존스다항식 57

쉬어가기 60

세실 드윗   1948년부터 현재까지 61

이본 쇼케브뤼아   알기, 이해하기, 발견하기 65

아르트 베네케   알렉산드로스의 검에게 고하는 안녕 69

인터루드 71

아닉 렌   생명의 차원에 관한 대화 72

티타임 ·· 76

김민형   수학 여행 ·· 79

니키타 네크라조프   수학도 통역이 되나요? ·································· 84

야니스 블라소풀로스 사고의 기술 : 구조의 탐구 ···························· 92

이반 토도로프   수리물리학 ·· 96

안나 비엔하르트   동어반복의 찬미 ·· 98

조반니 란디   신세계 ·· 99

피에르 들리뉴   음악관 ··· 101

클레르 부아쟁   고래 만세 ·· 103

장 마르크 데주이에 거기에 무엇을 적는가? ······························ 104

피에르 카르티에   연대 ··· 108

알리 샴세딘   남과 북 ·· 115

크리스토프 브뢰유   특혜 ··· 117

로랑 베르제   수학자들은 무슨 일을 하는가? ···················· 120

마틸드 랄랭   프랙탈리타스 ·· 124

요르겐 요스트   수학, 생물학, 그리고 신경생물학 : 심오한 상호작용 ·· 126

헨리 터크웰   뉴런 수학자 ·· 128

인테르메조 ·· 131

카티아 콘새니   해독자들 ·· 132

오스카 랜포드   기계 만세 ··· 135

위르겐 프룀리히   천국 입성 ··· 138

실비 페이샤   칠판 앞으로! ·· 144

데니스 설리번   1975~1995년, 고등과학연구소에서의 점심 ·· 146

자크 티츠   뷔르쉬르이베트에 내린 눈 ···························· 148

웬디 로웬   수학의 꽃 ··· 151

마이클 베리   평범함 속의 정밀함 ······································ 153

나탈리 드뤼엘   알레고리   154

커피브레이크   156

와키모토 미노루   서신   164

빅토르 칵   일랑   169

미하일 그로모프   세계 4대 미스터리   172

에티엔 지스   플래시백   176

김인강   수학 예찬   180

데이비드 아이젠버드   은총   183

크리스토프 술레   바이올린   185

마틸드 마르콜리   수학, 교양, 지식   186

알렉산드리 카르보네   시간의 문제   191

장 프랑수아 멜라   그 시대, 그들이 주도한 혁신   194

장 피에르 부르기뇽   이 책을 탄생시킨 비전   196

드니 오루   수학 길들이기   200

알렉상드르 우스니치   세 줄기 빛   203

막심 콘체비치   수(數)를 넘어서   206

세드릭 빌라니   천 개의 팔   210

도판 설명 213 ㅣ 감사의 글 224 ㅣ 찾아보기 225

마이클 아티야(Michael Atiyah)
에든버러 대학
필즈 상
아벨 상

꿈

밝은 대낮에 수학자는 개울가의 돌을 하나씩 뒤집어보듯 정확성을 기하며 그가 만든 수식과 그 증명을 확인한다. 그러나 휘영청 보름달이 뜬 밤에 수학자는 꿈을 꾼다. 별 사이를 두둥실 떠다니며 천상의 기적에 감동한다. 수학자는 바로 거기에서 영감을 얻는다. 꿈이 없다면 예술도, 수학도, 삶도 없다.

마이클 아티야

"꿈의 힘(Puissance du rêve)." 철두철미한 평론가 로제 카유아(Roger Caillois)가 그의 유명한 환상문학선집에 이 제목을 골랐다. 낮과 밤. 치밀한 계산과 자유로운 영감. 이들은 서로 대치하는 것이 아니라 도움을 받는 관계다. 낮이 되면 사람들은 일을 한다. 그리고 밤이 되면 잠자리에 든다(반대일 때도 있다). 이 책을 한 장 한 장 넘길 때마다 정체를 드러낼, 마이클 아티야가 말하는 수학자들은 오랜 시간 노력을 기울여 마치 커튼을 젖히고 나아가는 것처럼 자연스럽게 거울의 이쪽과 저쪽을 쉬지 않고 왕래한다.

알랭 콘(Alain Connes)
콜레주 드 프랑스
프랑스 고등과학연구소
필즈 상
크라포르드 상
프랑스 국립과학연구원 금메달

가혹한 현실

서두 :

이 글은 수학과 나의 매우 개인적인 관계를 담고 있다. 그러므로 다음의 내용은 나의 견해일 뿐 '일반적인' 관점으로 볼 수 없다. 수학자는 저마다 '특별한 케이스'임을 잊지 말자.

내 생각에 수학은 무엇보다 우리를 둘러싼 세계를 이해하는 데 필요한, 가장 고도로 발달된 사고(思考)의 도구이자 개념의 원천이다. 새로운 개념은 사고의 증류기에서 오랜 증류과정을 거쳐 탄생한다.

처음에는 수학을 공간의 과학인 기하학, 기호 조작의 예술인 대수학, 무한과 연속에 접근하게 해주는 해석학, 정수론 등과 같이 개별 분야로 나누려는 시도를 하기 십상이다. 그러나 그렇게 되면 수학의 세계가 갖는 본질적 특성, 즉 한 부분을 고립시키려 하면 결국 그 부분도 본질을 잃게 된다는 사실을 망각하게 된다.

반항 행위 :

나의 관점에서 볼 때 수학의 기본은 배우면서 수학자가 되는 것이 아니라 수학을 하면서 수학자가 된다는 것이다. 따라서 '지식'이 아니라 행위가 중요하다. 물론 지식은 절대적으로 필요하다. 지금까지 배운 지식을 다 없애라는 말이 아니다. 그러나 풀리지 않는 기하학 문제를 놓고 고민하는 것이, 제대로 소화도 못하면서 지식만 자꾸 흡수하는 것보다 더 많이 발전할 수 있는 방법이라고 나는 늘 생각해왔다.

내가 보기에 수학자가 되는 것은 반항을 시작하면서부터다.

어떤 의미에서 그런가? 수학자의 자질을 가진 사람은 어떤 문제를 놓고 고민할 때, 책에서 읽은 내용이 그 문제에 대해 본인이 갖고 있는 주관적 관점과 일치하지 않음을 깨닫게 된다. 물론 대부분은 잘 몰라서 그런 것이지만 직관과 증명에 근거해서 그런 생각이 들었다면 무지(無知)가 대수인가.

15

게다가 그것을 계기로 수학에는 절대적 권위란 없다는 것을 깨닫게 될 것이다. 열두 살배기 학생도 자신의 주장을 증명해보일 수만 있다면 선생님과 동등해질 수 있다. 학생이 갖추지 못한 지식을 선생이 방패삼을 수 없다는 점에서 수학은 다른 학문과 다르다. 다섯 살배기 아이도 아빠에게 "아빠, 세상에서 가장 큰 수(數)는 없어" 하고 말하고, 또 거기에 대해서 확신할 수 있다. 책에서 읽어서가 아니라 머릿속에서 증명했기 때문이다. 수학은 활짝 열린 자유의 공간이다. 규칙을 잘 지키면서 그 공간을 발견할 줄 알기만 하면 된다. 가장 중요한 일은 스스로 권위자가 되는 것이다. 다시 말하면, 무언가를 이해하고자 할 때 곧장 책을 펴고 책에서 뭐라고 했는지 확인하면 안 된다는 말이다. 그렇게 하면 독립심이 자라는 데 방해가 될 뿐이다. 중요한 것은 자기 머릿속에서 그렇다는 것을 확인하는 일이다. 그것을 이해하는 순간, 수학이라는 땅의 아주 작은 부분과 조금씩 가까워질 수 있고, 수학자들이 저마다 다른 지표를 갖고 파헤치려는 신비의 땅에서 긴 여행을 시작할 수 있을 것이다.

시적 도약 :

수학자의 역할에는 두 가지 면모가 있다고 할 수 있다. 첫 번째는 증명하고 확인하는 역할로, 강한 집중력과 날카로운 이성을 필요로 한다. 그러나 다행히도 비전이라는 면모도 존재한다. 비전이라는 것은 직감을 따르는 움직임 같은 것으로, 확실성을

따르기보다는 시적인 특성을 갖는 이끌림에 가깝다. 간단히 말하면 수학적 발견에는 두 단계가 있다. 첫 번째 단계에는 이성적으로 전달 가능한 말로는 설명할 수 없는 직감이 존재한다. 이 시기에 중요한 것이 바로 비전이다. 그것은 정적인 상태가 아니라 일종의 시적 도약이라 할 수 있다.

이 시적 도약은 말로 전달하기가 거의 불가능하다. 그것을 전달하거나 말로 표현하고자 하면 고정된 동상을 세우는 결과를 낳게 되고, 그렇게 되면 발견에서 가장 핵심적인 역할을 하는 움직임을 잃게 된다.

퍼즐 조각이 충분히 모아지고 비전이 문제 해결로 나타나는 게 보일 때 상황은 달라진다. 내가 처음 수학자가 되기 시작했을 때, 그러니까 자크 딕스미에(Jacques Dixmier) 교수님 밑에서 박사논문을 준비할 당시, 내가 발견한 것 중 가장 나를 놀라게 했던 것은 비가환환이 시간과 함께 한다는 것이다. 내가 증명했던 것은 비가환환이 완전히 표준적으로 주어진 시간에 따라 변한다는 것이었다. 다시 말하면, 도미타이론에 의한 진화(변화)는 하나의 상태에 의존했고, 사실 내적 자기동형(대칭성)을 감안하면 그 상태에만 의존했는데, 그 자기동형들은 자명하고 존재하지 않는다. 이것이 증명하는 바는 비가환성이 시간을 낳는다는 것이었다! 무(無)에서 말이다! 뚝딱! 그냥 그렇게! 물론 즉각 알 수 있는 사실은 환은 많은 불변량을 갖는다는 점이다. 예를 들어 주기처럼 원상태로 돌아가는 시간 말이다. 그러나 이 결과가 완벽하게 표현 가능하고 전달 가능하다 할지라도 초기 발견의 경이로운 움직임인 시적 요소를 고갈시키지는 않는다.

수학적 현실 :

내가 무척 존경하는 시인들 가운데 이브 본느푸아(Yves Bonnefoy)가 있다. 그의 방법론이 수학과 근접해 있기 때문이다. 시인이 수학자와 다른 점이 있다면 그것은 아마 물질적 현실에서 인간이 쌓는 경험을 원료로 삼는다는 점일 것이다. 시의 주재료는 개인의 내면적 존재와 외부의 거친 현실이 만나 일으키는 충돌이다. 반면 수학자의 여정은 그와는 다른 지역, 다른 풍경에서 벌어지는 여행이다. 그 여행에서 수학자는 시인과 다른 현실에 부딪힌다. 그러나 수학적 현실도 우리가 살고 있는 물질적 현실만큼이나 힘들고 맘대로 되지 않는다. 비전의 순간들만으로 수학을 할 수는 없다. 비전의 반대편, 그러니까 증명이 끝난 다음 단계에는 혹시 틀리지는 않았나 염려하는, 불안과 고통의 시간이 있기 때문이다. 그것은 일면 절벽을 내려오는 것과 비슷하다. 늘 밑을 살펴야 하기 때문이다. 우리는 끊임없이 되뇔 수밖에 없다. '이런, 여기서 틀렸을 수도 있겠군. 아니면 벌써 틀렸는지도……' 확신할 수 없으니 늘 두려울 수밖에 없다. 때로는 고통스러운 불안에 휩싸여 수많은 시간을 보내기도 하는데, 그것은 우리가 진짜 현실에 부딪혔기 때문이다. 그것이 일반적인 의미의 현실은 아니지만 가혹하기는 훨씬 더 가혹하다.

따라서 진리의 개념은 다른 세상, 외부 현실이 아닌 수학적 현실에서 인간이 경험하는 세계에 적용된다. 여기서 이해해야 할 핵심 포인트는 평생을 바쳐 그 세계를 탐험한 수학자들이 그렇게 많은데도 그 사람들이 하나같이 그 세계의 경계와 연관성에 대해 의견을 같이한다는 사실이다. 여행의 출발점이 어디였든지 간에, 그 여행이 꽤 길어지고 극도로 전문화된 분야에 갇혀 지내지만 않는다면 언

젠가는 타원함수, 모듈러형식, 제타함수 등 전설적 도시 중 하나에 도달하게 된다. "모든 길은 로마로 통한다." 그리고 수학의 세계는 서로 '연관'되어 있다. 물론 그렇다고 해서 모든 부분이 서로 닮았다는 소리는 아니다. 알렉산더 그로텐디크(Alexander Grothendieck)도 『추수와 파종(Récoltes et semailles)』에서 그가 여행을 시작했던 해석학의 땅에서 대수기하학의 땅으로 넘어갔던 과정을 묘사하고 있다.

"나는 아직도 마음을 완전히 빼앗겼던(물론 내 생각일 뿐이다) 그때 그 기분을 잊지 못한다. 그것은 마치 메마르고 거친 스텝을 지나 갑자기 풍요로운 부가 넘치는 '약속의 땅'으로 들어선 것과 같은 기분이었다. 부는 무한대로 늘어나 아무데나 손만 뻗어도 따고 캐낼 수 있었다." - 알렉산더 그로텐디크

갈루아 :

어떻게 보면 갈루아가 이해한 것은, 진정한 의미의 근대 수학의 출발점으로, 계산을 넘어설 수 있어야 한다는 것이다. 무슨 말이냐 하면 실제로 계산을 하는 게 아니라 '머릿속으로' 계산을 하라는 것이다. 그리고 계산의 성격이 무엇인지, 앞으로 어

떤 문제에 부딪히게 될지, 실질적으로 계산을 하지는 않지만 어떤 결과가 나올지 이해해야 한다. 그 결과가 어떤 대칭을 내포할지 이해해야 한다. 고개를 들어 앞을 바라보지 않으면 쉽게 **빠져버릴** 함정에서 벗어나야 한다. 단순 계산에 머물지 말고 명상에 잠겨 대칭성 등과 같이 감추어져 있는 성질을 찾아내야 한다.

> "두 다리를 모으고 계산에 뛰어들기. 연산을 형태가 아니라 난이도에 따라 모으고 분류하기. 이것이 내가 생각하는 미션이다." - 에바리스트 갈루아

선배들이 방정식 근의 대칭함수를 구할 때, 갈루아는 문제를 더 명확하게 보기 위해 대칭을 깨기 시작했다. 그의 출발점은 대칭을 용납하지 '않는' 근의 대칭함수를 임의로 고르는 것이었다. 놀라운 것은 함수에서 근으로 가는 과정에서 추론한 불변군이 사실은 처음에 했던 임의적 선택과 무관하다는 점이다.

갈루아의 아이디어는 시대에 뒤지기는커녕 오늘날에도 여전히 수학자들에게 영감을 주고 있다. 다른 게 아니라 그 아이디어의 단순함과 거기에서 나오는 움직임 때문이다. 그로텐디크가 세운 모티브이론은 갈루아이론을 양의 차원으로, 말하자면 다항식으로 자연스럽게 일반화한 것이다. 이렇게 현재 이루어지는 발전은 미분 방정식에 대한 갈루아이론과 함께 갈루아의 역동적 아이디어와 직접적인 연결선 상에 있다. 갈루아의 유언 마지막 부분을 읽어보자.

> "나의 소중한 오귀스트. 알다시피 그건 내가 연구했던 유일한 주제들이 아니라네. 언젠가부터 모호성이론의 초월해석학에 적용하는 문제를 주로 고민해왔지. 초월함수의 관계에서 어떤 교환을 할 수 있는지, 관계를 계속 유지하면서 어떤 양을 주어진 양에 대체할 수 있는지 선험적으로 알아보려는 것이지. 그건 곧 우리가 찾을 수 있는 식이 많지 않다는 걸 인정하게 만들지. 그런데 이젠 내게 시간이 없네. 이 분야는 거대하건만 내 생각은 아직 무르익지 못했군." - 에바리스트 갈루아

대수학과 음악 :

나는 아이들이 아주 어렸을 때부터 음악에 노출되는 것이 중요하다고 믿는다. 대여섯 살 때부터 음악을 듣기 시작한 아이는 지력에서 시감각이 차지하는 부분의 균형을 조금이나마 더 잘 맞출 수 있다. 시감각은 보이는 것에만 의존해서 얻는 놀라운 감각으로 아주 어렸을 때 익히는 것이며 기하학과 관련이 깊다. 음악은 대수학을 통해 시감각의 균형을 맞춘다. 음악이 대수학과 마찬가지로 시간의 흐름에 따라 진행되기 때문이다. 수학에는 뇌의 시각 영역에 해당하며 즉각적인 직감을 따르는 기하학과 대수학을 나누는 이분법이 대대로 전해져 내려온다.

도형이 눈에 들어오면 끝! 척하면 척이다. 설명

$$igs_w(\partial_\nu A_\mu(W^+_\mu W^-_\nu - W^+_\nu W^-_\mu) - A_\nu(W^+_\mu \partial_\nu W^-_\mu - W^-_\mu \partial_\nu W^+_\mu) + A_\mu(W^+_\nu \partial_\nu W^-_\mu -$$
$$W^-_\nu \partial_\nu W^+_\mu)) - \tfrac{1}{2}g^2 W^+_\mu W^-_\mu W^+_\nu W^-_\nu + \tfrac{1}{2}g^2 W^+_\mu W^-_\nu W^+_\mu W^-_\nu + g^2 c_w^2(Z^0_\mu W^+_\mu Z^0_\nu W^-_\nu -$$
$$Z^0_\mu Z^0_\mu W^+_\nu W^-_\nu) + g^2 s_w^2(A_\mu W^+_\mu A_\nu W^-_\nu - A_\mu A_\mu W^+_\nu W^-_\nu) + g^2 s_w c_w(A_\mu Z^0_\nu(W^+_\mu W^-_\nu -$$
$$W^+_\nu W^-_\mu) - 2A_\mu Z^0_\mu W^+_\nu W^-_\nu) - \tfrac{1}{2}\partial_\mu H \partial_\mu H - 2M^2 \alpha_h H^2 - \partial_\mu \phi^+ \partial_\mu \phi^- - \tfrac{1}{2}\partial_\mu \phi^0 \partial_\mu \phi^0 -$$
$$\beta_h \left(\frac{2M^2}{g^2} + \frac{2M}{g}H + \tfrac{1}{2}(H^2 + \phi^0 \phi^0 + 2\phi^+ \phi^-) \right) + \frac{2M^4}{g^2}\alpha_h -$$
$$g\alpha_h M \left(H^3 + H\phi^0 \phi^0 + 2H\phi^+ \phi^- \right) -$$
$$\tfrac{1}{8}g^2 \alpha_h \left(H^4 + (\phi^0)^4 + 4(\phi^+ \phi^-)^2 + 4(\phi^0)^2 \phi^+ \phi^- + 4H^2 \phi^+ \phi^- + 2(\phi^0)^2 H^2 \right) -$$
$$gMW^+_\mu W^-_\mu H - \tfrac{1}{2}g\frac{M}{c_w^2}Z^0_\mu Z^0_\mu H -$$
$$\tfrac{1}{2}ig \left(W^+_\mu(\phi^0 \partial_\mu \phi^- - \phi^- \partial_\mu \phi^0) - W^-_\mu(\phi^0 \partial_\mu \phi^+ - \phi^+ \partial_\mu \phi^0) \right) +$$
$$\tfrac{1}{2}g \left(W^+_\mu(H\partial_\mu \phi^- - \phi^- \partial_\mu H) + W^-_\mu(H\partial_\mu \phi^+ - \phi^+ \partial_\mu H) \right) + \tfrac{1}{2}g\frac{1}{c_w}(Z^0_\mu(H\partial_\mu \phi^0 - \phi^0 \partial_\mu H) +$$
$$M \left(\tfrac{1}{c_w}Z^0_\mu \partial_\mu \phi^0 + W^+_\mu \partial_\mu \phi^- + W^-_\mu \partial_\mu \phi^+ \right) - ig\frac{s_w^2}{c_w}MZ^0_\mu(W^+_\mu \phi^- - W^-_\mu \phi^+) + igs_w MA_\mu(W^+_\mu \phi^- -$$
$$W^-_\mu \phi^+) - ig\frac{1-2c_w^2}{2c_w}Z^0_\mu(\phi^+ \partial_\mu \phi^- - \phi^- \partial_\mu \phi^+) + igs_w A_\mu(\phi^+ \partial_\mu \phi^- - \phi^- \partial_\mu \phi^+) -$$
$$\tfrac{1}{4}g^2 W^+_\mu W^-_\mu \left(H^2 + (\phi^0)^2 + 2\phi^+ \phi^- \right) - \tfrac{1}{8}g^2\frac{1}{c_w^2}Z^0_\mu Z^0_\mu \left(H^2 + (\phi^0)^2 + 2(2s_w^2 - 1)^2 \phi^+ \phi^- \right) -$$
$$\tfrac{1}{2}g^2\frac{s_w^2}{c_w}Z^0_\mu \phi^0(W^+_\mu \phi^- + W^-_\mu \phi^+) - \tfrac{1}{2}ig^2\frac{s_w^2}{c_w}Z^0_\mu H(W^+_\mu \phi^- - W^-_\mu \phi^+) + \tfrac{1}{2}g^2 s_w A_\mu \phi^0(W^+_\mu \phi^- +$$
$$W^-_\mu \phi^+) + \tfrac{1}{2}ig^2 s_w A_\mu H(W^+_\mu \phi^- - W^-_\mu \phi^+) - g^2\frac{s_w}{c_w}(2c_w^2 - 1)Z^0_\mu A_\mu \phi^+ \phi^- -$$
$$g^2 s_w^2 A_\mu A_\mu \phi^+ \phi^- + \tfrac{1}{2}ig_s \lambda^a_{ij}(\bar{q}^\sigma_i \gamma^\mu q^\sigma_j)g^a_\mu - \bar{e}^\lambda(\gamma\partial + m^\lambda_e)e^\lambda - \bar{\nu}^\lambda(\gamma\partial + m^\lambda_\nu)\nu^\lambda - \bar{u}^\lambda_j(\gamma\partial +$$
$$m^\lambda_u)u^\lambda_j - \bar{d}^\lambda_j(\gamma\partial + m^\lambda_d)d^\lambda_j + igs_w A_\mu \left(-(\bar{e}^\lambda \gamma^\mu e^\lambda) + \tfrac{2}{3}(\bar{u}^\lambda_j \gamma^\mu u^\lambda_j) - \tfrac{1}{3}(\bar{d}^\lambda_j \gamma^\mu d^\lambda_j) \right) +$$
$$\frac{ig}{4c_w}Z^0_\mu \left((\bar{\nu}^\lambda \gamma^\mu(1 + \gamma^5)\nu^\lambda) + (\bar{e}^\lambda \gamma^\mu(4s_w^2 - 1 - \gamma^5)e^\lambda) + (\bar{d}^\lambda_j \gamma^\mu(\tfrac{4}{3}s_w^2 - 1 - \gamma^5)d^\lambda_j) + \right.$$
$$\left. (\bar{u}^\lambda_j \gamma^\mu(1 - \tfrac{8}{3}s_w^2 + \gamma^5)u^\lambda_j) \right) + \frac{ig}{2\sqrt{2}}W^+_\mu \left((\bar{\nu}^\lambda \gamma^\mu(1 + \gamma^5)U^{lep}_{\lambda\kappa}e^\kappa) + (\bar{u}^\lambda_j \gamma^\mu(1 + \gamma^5)C_{\lambda\kappa}d^\kappa_j) \right) +$$
$$\frac{ig}{2\sqrt{2}}W^-_\mu \left((\bar{e}^\kappa U^{lep\dagger}_{\kappa\lambda}\gamma^\mu(1 + \gamma^5)\nu^\lambda) + (\bar{d}^\kappa_j C^\dagger_{\kappa\lambda}\gamma^\mu(1 + \gamma^5)u^\lambda_j) \right) +$$
$$\frac{ig}{2M\sqrt{2}}\phi^+ \left(-m^\kappa_e(\bar{\nu}^\lambda U^{lep}_{\lambda\kappa}(1 - \gamma^5)e^\kappa) + m^\lambda_\nu(\bar{\nu}^\lambda U^{lep}_{\lambda\kappa}(1 + \gamma^5)e^\kappa) \right) +$$
$$\frac{ig}{2M\sqrt{2}}\phi^- \left(m^\lambda_e(\bar{e}^\lambda U^{lep\dagger}_{\lambda\kappa}(1 + \gamma^5)\nu^\kappa) - m^\kappa_\nu(\bar{e}^\lambda U^{lep\dagger}_{\lambda\kappa}(1 - \gamma^5)\nu^\kappa) \right) - \tfrac{g}{2}\frac{m^\lambda_\nu}{M}H(\bar{\nu}^\lambda \nu^\lambda) -$$
$$\tfrac{g}{2}\frac{m^\lambda_e}{M}H(\bar{e}^\lambda e^\lambda) + \frac{ig}{2}\frac{m^\lambda_\nu}{M}\phi^0(\bar{\nu}^\lambda \gamma^5 \nu^\lambda) - \frac{ig}{2}\frac{m^\lambda_e}{M}\phi^0(\bar{e}^\lambda \gamma^5 e^\lambda) - \tfrac{1}{4}\bar{\nu}_\lambda M^R_{\lambda\kappa}(1 - \gamma_5)\hat{\nu}_\kappa -$$
$$\tfrac{1}{4}\bar{\nu}_\lambda M^R_{\lambda\kappa}(1 - \gamma_5)\hat{\nu}_\kappa + \frac{ig}{2M\sqrt{2}}\phi^+ \left(-m^\kappa_d(\bar{u}^\lambda_j C_{\lambda\kappa}(1 - \gamma^5)d^\kappa_j) + m^\lambda_u(\bar{u}^\lambda_j C_{\lambda\kappa}(1 + \gamma^5)d^\kappa_j) \right) +$$
$$\frac{ig}{2M\sqrt{2}}\phi^- \left(m^\lambda_d(\bar{d}^\lambda_j C^\dagger_{\lambda\kappa}(1 + \gamma^5)u^\kappa_j) - m^\kappa_u(\bar{d}^\lambda_j C^\dagger_{\lambda\kappa}(1 - \gamma^5)u^\kappa_j) \right) - \tfrac{g}{2}\frac{m^\lambda_u}{M}H(\bar{u}^\lambda_j u^\lambda_j) -$$
$$\tfrac{g}{2}\frac{m^\lambda_d}{M}H(\bar{d}^\lambda_j d^\lambda_j) + \frac{ig}{2}\frac{m^\lambda_u}{M}\phi^0(\bar{u}^\lambda_j \gamma^5 u^\lambda_j) - \frac{ig}{2}\frac{m^\lambda_d}{M}\phi^0(\bar{d}^\lambda_j \gamma^5 d^\lambda_j) + \bar{G}^a \partial^2 G^a + g_s f^{abc}\partial_\mu \bar{G}^a G^b g^c_\mu +$$
$$\bar{X}^+(\partial^2 - M^2)X^+ + \bar{X}^-(\partial^2 - M^2)X^- + \bar{X}^0(\partial^2 - \frac{M^2}{c_w^2})X^0 + igc_w W^+_\mu(\partial_\mu \bar{X}^0 X^- -$$
$$\partial_\mu \bar{X}^+ X^0) + igs_w W^+_\mu(\partial_\mu \bar{Y}X^- - \partial_\mu \bar{X}^+ Y) + \ldots X^0 -$$
$$\partial_\mu \bar{X}^0 X^+) + igs_w W^-_\mu(\partial_\mu \bar{X}^- Y - \partial_\mu \bar{Y}X^+) \ldots X^+ -$$
$$\partial_\mu \bar{X}^- X^-) + igs_w A_\mu(\partial_\mu \ldots$$
$$\partial_\mu \bar{X}^- X^-) - \tfrac{1}{2}gM \left(\bar{X}^+ X^+ H + \bar{X}^- X^- H + \tfrac{1}{c_w^2}\bar{X}^0 X^0 \ldots (\bar{X}^+ X^0 \phi^- - \bar{X}^- X^- \ldots \right)$$
$$\frac{1}{2c_w}igM \left(\bar{X}^0 X^- \phi^+ - \bar{X}^0 X^+ \phi^- \right) + igMs_w \left(\ldots \right) +$$
$$\tfrac{1}{2}igM \left(\bar{X}^+ X^+ \phi^0 - \bar{X}^- X^- \phi \ldots \right)$$

1

가 있기 때문이다. 그것은 마치 창문이 갑자기 벌컥 열리면서 바람이 불어왔다가 다시 물러가는 것 같은 느낌을 주는 음악이다. 가장 단순하고 순수한 형태로 아이디어를 응집하는 것. 어찌 보면 대수학이란 바로 그런 것이다.

조언 :

마지막으로 '실용적인' 조언 몇 가지로 글을 갈무리할까 한다.

산책하기
계산을 해야 할 때가 많고 아주 복잡한 문제를 풀 때 이용할 수 있는 건전한 방법은 산책을 나가서 종이나 연필 없이 머리로만 계산을 하는 것이다. '이거 엄청 어려울 것 같은데'라는 첫인상은 지워버린다. 문제는 해결하지 못하더라도 '주기억장치'를 훈련시켜 지성의 날을 단련할 수 있다.

소파
전반적으로 수학자들은 어둠 속에서 침대에 누워 있을 때가 가장 열심히 일할 때라는 것을 배우자에게 이해시키기를 가장 힘들어한다. 컴퓨터와 이메일의 확산이 집중하는 방법을 점점 바꿔놓으니 참 유감이다. 더 정확한 결과를 얻을 수 있는데 말이다.

도 필요 없다. 설명하고 싶지도 않다. 그런가 하면 대수학은 시각적인 것과는 아무런 상관이 없고 대신 시간성이 있다. 시간에 따라 진행되기 때문이다. 계산 등이 그렇다. 대수학은 시간이 흘러가면서 변하는 것이고 언어와 매우 유사해서 언어처럼 질릴 정도로 정확성을 가지고 있다. 그 힘을, 대수학의 체계를 음악을 통해 느낄 수 있는 것이다. 따라서 나로서는 그런 의미로 바라본 음악과 대수학 사이에 놀랍도록 친밀한 관계가 있어 보인다. 예를 들어 나는 쇼팽의 전주곡들을 좋아하는데, 그의 작품들 속에 경이로운 응집과 증류가 정확하게 들어

용기

수학적 발견은 두 단계로 나뉜다. 용기를 내야 할 단계, 그리고 벽을 타고 올라가며 절대 밑을 내려다보면 안 되는 단계. 왜일까? 밑을 내려다보기 시작하면 '그럼 그렇지! 누군가가 벌써 이 문제를 살펴봤군. 그 사람이 문제를 풀지 못했는데 나라고 해결할 수 있을까' 하고 생각하기 때문이다. 그리고 수십 가지 합리적인 이유를 들어 벽을 타지 않으려고 할 것이다. '나의 순진무구를 보호'해서 아이디어가 떠오르도록 해야 하는 것이다. 그렇지 않으면 그 아이디어는 t라는 시간에 지식의 바다에 빠져 조기에 녹아버릴 테니 말이다.

스트레스

수학자의 인생, 특히 그 초기에는 치열한 경쟁 때문에 어려움에 부딪힐 때가 많다. 예를 들면 나와 똑같은 주제를 연구하는 경쟁자가 논문 요지를 보내오면 그때부터 어떻게든 나도 빨리 연구를 발표해야겠다는 엄청난 중압감에 시달리기 시작한다. 이럴 때 그 중압감에서 벗어나는 유일한 방법은 좌절감을 긍정적인 에너지로 바꿔서 더 열심히 연구하려고 노력하는 것이다.

평판

오래전 동료 한 명이 이렇게 고백한 적이 있다.

"우리 수학자들이 연구를 하는 이유는 몇몇 친구들이 마지못해 인정하는 걸 보기 위해서야." 연구라는 것이 워낙 혼자 하는 외로운 작업이다 보니 연구자는 어떤 방식으로든 다른 사람들의 인정을 갈구한다. 그러나 큰 기대를 해서는 안 된다. 수학자들은 원래 칭찬에 인색한 사람들이다. 인정을 받고 싶을 때 가장 중요한 심판은 오직 한 사람으로, 그는 바로 우리 자신이다. 타인의 눈을 지나치게 의식하는 것은 시간낭비에 불과하다. 지금까지 그 어떤 정리도 국민투표로 증명되지 않았다. 파인만도 말하지 않던가. "왜 다른 사람들의 생각에 신경 쓸니까?"

알랭 콘

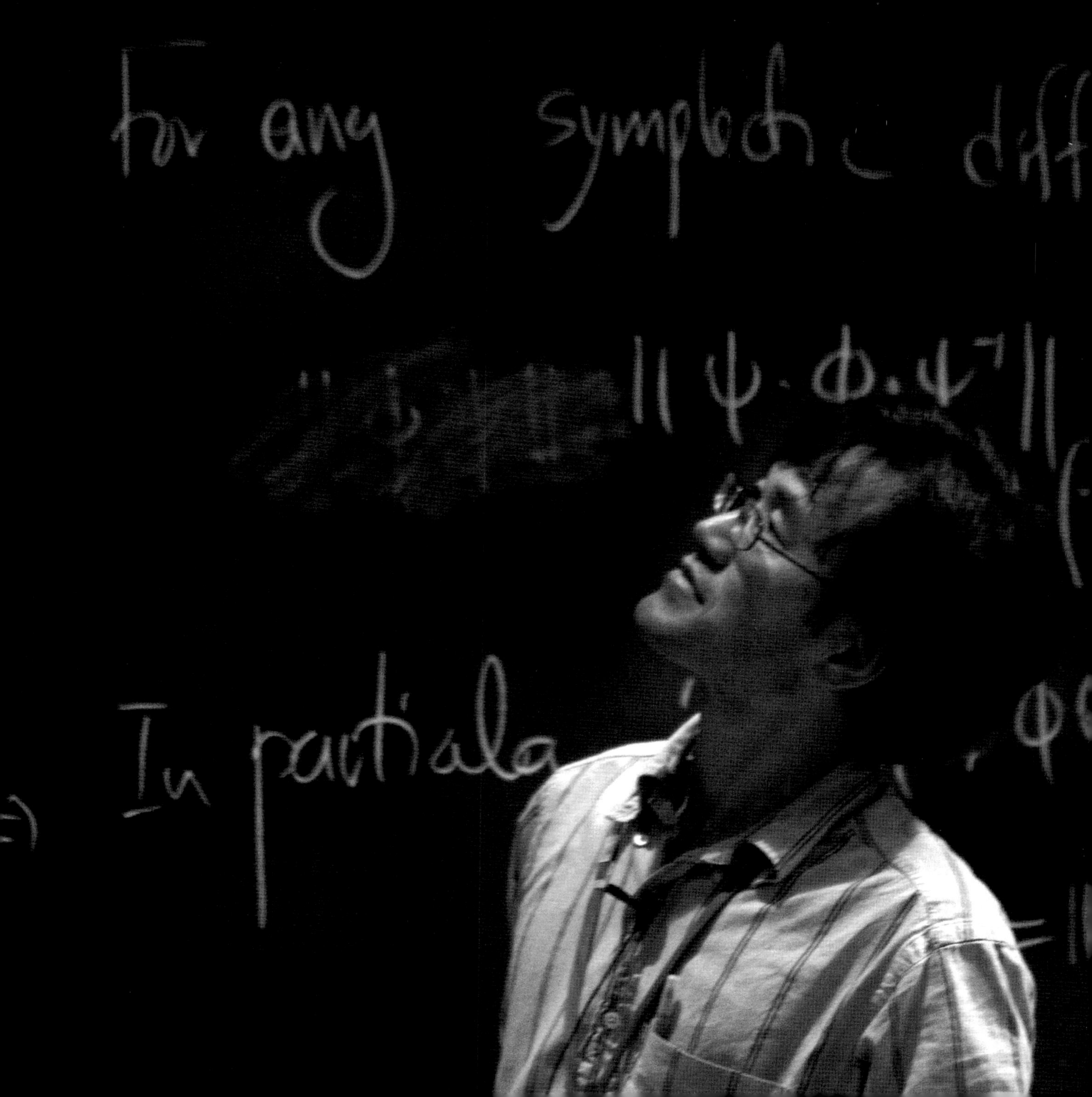
For any symplectic
In particula

오용근(Yong-Geun Oh)
기초과학연구원 기하학수리물리연구단
포항 공과 대학

인식의
지평선 넘어

"우리가 주목하는 것은 보이는 것이 아니요 보이
지 않는 것이니 보이는 것은 잠깐이요 보이지 않는
것은 영원함이라" - 「고린도후서」 4장 18절

어릴 적 아버지를 따라서 군산 큰 당숙의 집에 가
곤 했다. 가는 길에 넓게 펼쳐져 있는 만경평야를
보면서, 그 지평선 이후에 무엇이 있을까 하는 의
문을 가지곤 했다.

수학자의 길을 걸으면서, 항상 눈에 보이지 않
고 손에 잡히지 않는 세계에 대한 열망을 쫓다가
길을 잘못 들어 헤매다가 다시 제자리로 되돌아오
기도 하고 엉뚱한 길로 들어서서 방황하다가 뜻밖
에 막힌 벽을 만나 되돌아가기도 하곤 한다. 군데
군데 이정표를 만들어가면서 아무도 가보지 않은,
하지만 가고 싶은 곳을 향하여 부단하게 인식의 길
을 개척하면서 간다. 앞선 사람이 만들어놓은 길을
타기도 하고, 동행자와 함께 서로 도와가며 가기도
하고, 경쟁하면서 가기도 한다. 그곳에는 새로운

세계와 함께 또 다른 지평선이 펼쳐져 있을 것이라는 믿음과, 많은 사람들이 나중에 내가 만든 길을 즐기면 좋겠다는 바람과 함께…….

1. 평상 : 몽상, 대화, 질문

논문을 읽다가 오랫동안 해결되지 않은 미해결 문제가 눈에 들어왔다. 앨버트는 이 문제를 최근에 내가 스테판과 함께 발견한 문제로 귀착될 수도 있다는 귀중한 힌트를 주었다.

2. 사색

그 문제가 나의 머릿속에서 지워지지 않는다. 버스 안에서도, 장을 볼 때도, 아이들을 차로 학교에 데려다 줄 때도, 샌드위치를 사려고 줄을 서 있을 때는 더욱더……. 이렇게 몇 년이 흐른 어느 날,

3. 섬광

하필 기가 막힌 아이디어가 식구들과 오리지널 팬케이크에서 아침을 먹는데 떠올라, 얼른 볼펜을 꺼내 냅킨에 끄적거리다가 웨이트리스에게 눈총을 받지만 식구들은 그런 나를 용서해준다.

4. 메타모르포시스(Metamorphosis)

마침내 그 문제를 나의 전문 분야 문제의 연구로 해석하는 데 성공.

5. 명상

잡으려던 토끼가 내 영역으로 들어온 이상, 그동

안 사용해온 모든 논문의 정리가 적용되는지 최근에 발표된 논문도 읽어보고, 20년 동안 연구해온 이론을 이리저리 적용해본다. 이때쯤이면 가끔 약속 시간도 잊어버리고, 했던 약속도 또 하는, 일상사가 부담스럽고 버거워지는 것이 사실이다.

6. 실마리

그러다가, 5년 전에 쓴 내 논문의 한 유용한 방법론을 적용할 수 있는 길이 머리에 그려진다.

7. 넓은 길 : 질주

주르르 써 내려간다. 그 결말을 미리 보고 싶은 마음이 앞서 대충 큰 정리들을 증명하고(?) 결말로 가는 징검다리를 놓는데 어느새 12시가 넘어버렸

For A_H, for each quantum cohomology class $a \in QH^*(X)$ we have the dog-...-ich minimax value $\rho(H;a)$.

$$a \longmapsto \Phi_H(a) \in FH_*(H,J)$$

Pick a Floer cycle of $[x] = \Phi_H(a)$

$$\rho(H;a) = \inf_{[x]=\Phi_H(a)} \lambda_H(x).$$ "Spectral invariants associated to H"

$$\lambda_H(x) = \max \left\{ \alpha = \sum a_i z_i \;\middle|\; z = X_H(x) \right\}$$

Rmk) Consider $\rho(h;1)$ $h \in C^\infty(X) \cong T_{id} Ham(M,\omega)$

Define h is **hamilt. positive** if $\rho(h;1) \leq 0$

This defines define a cone field on $T Ham(M,\omega)$

Open) Whether this cone field leads to an ordering of $Ham(M,\omega)$?

Entov-Polterovich)

$h \in C^\infty(X)$ $\zeta(h) = \lim_{n\to\infty} \frac{\rho(nh;1)}{n}$ "symplectic partial quasi-state)

(1) $\zeta(f) = 0$ provided $supp f$ is displaceable under Hami. diffeo.

(2) If $\{f_1, f_2\} = 0$, $supp f_1$ is displaceable, then $\zeta(f_1 + f_2) = \zeta(f_2)$ "Partial additivity"

다. 내일 수업 준비도 못했는데 큰일이다. 잠자리에 들지만 머릿속에서 증명의 그다음 단계가 계속 진행되다가 선잠으로 밤을 지새웠다.

8. 막힌 길 : 한계상황

아침에 강의를 하는 둥 마는 둥 끝내고 사무실에서 두문불출하고 논문을 다 쓰고(?) 보란 듯 몇 명의 잘 아는 지인 수학자들에게 보냈는데 고맙게도(?) 오류들을 지적해준다. 다시 몇 달을 보내며 이런저런 온갖 방법들을 시도하여 다시 논문을 쓴다. 이전의 경험으로 이 모든 시도를 버리지 않고 나의 랩탑 컴퓨터에 보관하니 그 버전의 수가 열댓을 훌쩍 넘어버렸다. 모든 버전이 한 가지 복병들이 도사리고 있다. 이제는 더 이상 시도해볼 아이디어가 떨어졌다.

9. 되돌아감 : 실망, 되돌아봄

다시 원점으로 돌아간다.

10. 불씨 : 응답되어지지 않은 의문

수년이 지나고 수많은 시도를 하였는데도 여전히 나의 방법론이 만족스러운 방법으로 사용되지 않았음을 깨닫고 조그만 희망의 끈을 놓지 않는다.

11. 사색

다시 그간 시도한 방법들을 되새겨본다. 몇 달이 또 흐르고 여름방학이 훌쩍 다 지나버렸다. 새 학기를 준비하기 위해 미국으로 오는 비행기 안에서 내내 출구를 찾아본다.

12. 좁은 산 길 : 즐김

마침내 조그만 출구로 빛이 보이고, 그 빛을 따라 '이 빛은 나를 어떤 새로운 수학의 세계로 인도할 것인가' 하는 기대감을 가지고 한 걸음 한 걸음 나아간다. 마치 거울로 보듯이 흐릿했던 것이 차츰차츰 눈이 밝아지니, 여러 가지 논리의 구조들이 뚜렷하게 보이기 시작한다.

13. 열림 : 창조, 환희, 카타르시스

마침내 눈앞에 새로운 세계가 열린다. 그전에 아무도 보지 못했던 새로운 수학의 세계가 보인다. 새로운 지평선이 보인다.

14. 평상

"포올! 네가 네 강의에서 설명한 것에 대해서 좀 더 설명 좀 해주겠어? 내가 최근에 이런 정리를 증명했는데 네 결과가 내 정리와 관련이 있는 것 같아."

새로운 꿈을 꾼다.

오용근

디르크 크라이머(Dirk Kreimer)
프랑스 국립과학연구원
프랑스 고등과학연구소

태즈메이니아의
감미로운 입맞춤

1994년 1월, 나는 오스트레일리아의 호바트 시에 소재한 태즈메이니아 대학의 연구실에서 한여름의 무더위를 느끼고 있었다.

창밖을 바라보니 잔디를 태우는 불이 캠퍼스로 다가오는 게 보였지만 그냥 무시했다. 나는 친한 동료 데이비드 브로드허스트(David Broadhurst)가 보낸 메일의 의미를 파악하는 중이었다. 우리가 파인만 도표를 계산하다가 발견한 괴짜 수들에 관해서였다.

내가 태즈메이니아에 간 것은 1993년의 일이다. 봅 델부르고(Bob Delbourgo) 그룹을 만날 수 있는 기회였기 때문이다. 나는 그곳에서 만 2년을 머물렀다. 결과적으로는 그렇게 하길 잘했다. 내 전문 분야인 이론 입자물리학은 하루 일과가 엄청난 양의 계산으로 짜여 있고 생각할 시간은 늘 부족한 분야다. 태즈메이니아는 세상과 동떨어져 입자물리학의 이론적 기초를 다시 되짚어볼 수 있는 이상적인 장소였다.

이 모든 것은 파인만 그래프 확장에서 위상적 항들을 확대하면 유리수들을 얻는다는 사실을 관측하면서 시작되었는데, 더 난해한 위상적 항들은 더 구별되는 수들을 주었다. 이 수들이 혼합 모티브들의 주기들이 됨은 요즘 알게 되었다.

그러나 그것을 이해하는 데는 데이터가 필요했고, 데이터를 얻으려면 그래프의 항들을 더 계산해야 했다. 다행히 데이비드는 그런 계산이라면 타의 추종을 불허했고, 덕분에 나는 호바트의 연구실에 앉아서 데이비드와 열심히 이메일을 주고받으며 종이 위에 그래프들을 그려대고 그래프의 위상을 이리저리 궁리했다. 창밖으로는 아름다운 남태평양이 고작 1마일 밖에서 넘실대고 있었다. 데이비드는 지구 반대편인 영국에 있었지만 그게 오히려 좋았다. 그의 수면 습관과 10시간이라는 시차가 더해져 인터넷에서 자주 만날 수 있었기 때문이다.

갑자기 그의 이메일이 물었다. "그런데 불은 어디까지 왔어?" BBC 뉴스로 소식을 전해들은 모양이다. 그제야 나는 물리학 건물에서 사람들이 모두 대피했다는 것을 알게 되었다. 불은 불과 몇 백 미터 앞에서 유칼리나무들을 태우고 있었다. 하지만 불은 더 이상 번지지 않았다. 결국 데이비드와 나의 작업은 계속될 수 있었고, 우리는 괴짜 수들을 풍족하게 추수할 수 있었다. 사람보다 거미, 상어, 괴물들이 더 많이 산다는 섬 태즈메이니아에서 보낸 두 해는 양자장론의 수학적 구조와 산란행렬에 대해 더 깊이 이해할 수 있는 출발점이 되기도 했다. 나를 프랑스의 고등과학연구소로 이끈 것도 바

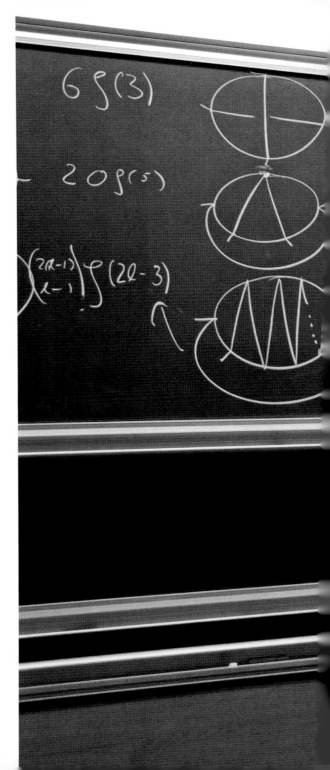

로 그 연구였다. 그러나 그것은 알랭 콘과 함께 시작한 새로운 이야기다. 고등과학연구소는 내가 양자장론과 세계를 설명하기 위한 양자장론의 적용에 대해 연구하는 곳이다. 작은 태즈메이니아 섬 남쪽 끝에서 남태평양을 바라보았던 것처럼 홀로 성찰하고 사고하는 곳.

디르크 크라이머

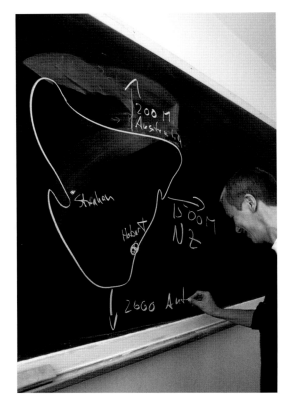

퍼즐

나는 수수께끼를 좋아한다. 흥미로운 아이디어를 이리저리 머릿속으로 굴려보고 잠시 옆에 놓아두었다가 다시 모아서 노는 것이 재미있다. 하나에서 다른 하나가 생성되고 변하며, 그것이 그림 하나로 모두 이해되는, 사물의 회귀적 면모에 끌리는 편이다. 흩어진 조각들, 모델과 예로 만든 복잡성.

순수수학은 위대함, 광범위한 추측, 심오한 정리, 장엄한 비전을 양분으로 삼는다. 그러나 또 다른 수학도 존재한다. 겸허하고, 손안에 쥐어질 정도로 작은 질문과 아이디어로 만들어진 수학. 나는 그 작음에 고개 숙인다.

디르크 크라이머가 길 잃은 영혼들을 위해 쳐놓은 거미줄에 걸린 것은 내겐 행운이었다. 디르크는 아주 작은 움직임에도 새로운 아이디어가 샘솟는 사람이다. 이제 나는 내가 연구하는 작은 퍼즐이 결국에는 우주와, 그리고 내가 풀 기회조차 갖지 못할 흥미로운 수수께끼로 가득한 거대한 시스템과 연결되어 있다는 것을 알고 있다. 착각일지 모르지만 박사학위 논문이란 수학자의 길 중 가장

좁은 길이라고 믿고 싶다. 그 길 뒤는 주어진 가능성 때문에 확 트여 있고, 그 길 앞은 더 많은 능력을 갖게 되어 넓게 펼쳐질 것이기 때문이다.

캐런 예이츠

파울루 알메이다(Paulo Almeida)
리스본 대학

구조화된 분노

"수학의 본질은 자유다." 게오르크 칸토어(Georg Cantor)가 남긴 유명한 말은 때로는 해독자로, 때로는 창조자로 변신하는 모든 수학자가 말로는 표현하지 못해도 늘 마음속으로 느끼는 것이다. 수학은 오로지 이성에만 종속된 자유다. 모순이 없지는 않지만, 수학자는 지극히 엄격한 규칙에 얽매여 자유롭게 활동하는 자다. 그런가 하면, 여전히 갈릴레이적 근대과학과 그리스의 초기 민주주의 사상의 초석이라 할 수 있는 이성은 가정된 모든 진리에 무조건 의문을 품고 보는 대담한 자유를 요구한다. 확신에 대해서는 상대적 확신밖에 가질 수 없기 때문이다. 모든 사람에게 그렇겠지만 수학자에게는 특히 자유란 이성의 필수조건이다.

수학자의 개인적 지위는 르네상스 정신을 앞섰다. 회화에 쓰이던 원근법이 전 세계에 통용되면서 개인이 나름의 '관점'을 가질 수 있는 자유로운 권리를 누리게 된 때가 르네상스 시대다. 그러나 수학자는 차등적 기준에 따라 권리도 누렸지만 계약에 의한 의무도 졌던 로마인들처럼 '시민의 지위

(status civitatis)'를 벗어나지 못했다. 개인의 절대적 정체성과 공동체의 일원 사이에서 수학자는 나름의 방식으로 자유와 법을 조절했다. 수학자는 창조하고 이성적으로 사고하며, 그 과정에서 신기하게도 수의 비밀을 해독한다.

오랜 경험이 쌓이면서 많은 과학 분야에서는 이성적인 것이 실재하는 것이며 실재하는 것이 이성적인 것이라는 믿음이 생겼다. 수학이 다른 점은 수학에서 말하는 실재란 아주 먼 곳에 존재한다는 것이다. 그것은 사고의 출발점뿐만 아니라 도착점에도 해당되는 이야기다. 그러나 그렇다고 해서 수학자의 은밀하고 고립된 작업이 흔들리지는 않는다. 도약과 불안으로 점철되고 때로는 실패로 장식되는 수학자의 연구는 내면의 기쁨을 은은히 풍기는 향유를 품고 있다. 그것은 라블레가 말했던, 뼈를 부숴 '가장 중요한 골수'를 빨아먹는 개가 느끼는 기쁨과 같다. 수학자에게 연구는 실재 세계의 우발적 요인으로 인해 수학자 개인의 차원을 뛰어넘는 퍼즐의 조각과 같다. 그렇다고 걱정이 아예

39

국 정의와 증명이라는 형식을 갖춘 그들의 '공적인 생활'뿐이다.

이러한 상황은 수학 교육에 막대한 결과를 초래하는 왜곡을 불러일으킨다. 수학적 아이디어는 이중 생활을 하는데, '공적 생활'만 존재한다고 생각할 수 있기 때문이다. 수학자에게 형식주의란 형법과 같이 제어해야 할 기술적 가치를 지닌다. 그러나 진정한 발전은 사물에 대한 본능적 이해에서 출발한 직관을 바탕으로 한다. 수학에서는 특히 표현 가능한 이성적 본능에서 출발한다. 표현할 수 없는 것의 이해 불가능한 합리성에 대한 본능을 우리는 음악을 비롯한 모든 예술에서 찾아볼 수 있다. 하나의 음, 무용수의 한 동작, 화가의 한 붓놀림, 작가의 한 단어, 사진가의 한 앵글에도 논의의 여지가 없는 필연적 이성이 있다. 그 모든 것의 성격이 이해 불가능하다는 사실은 우리를 자유롭게 하는 동시에 수학의 전형적인 비계를 구축하는 것을 금지한다. 그 비계는 출발지에서 얼마나 많이 떨어져 있든 늘 타당하다.

여기에서 우리는 낭만주의적 외파와 고전주의적 엄격함의 대치를 다시 만난다. 두 가지는 모두 지나침이 가능한데, 하나는 지나친 열정을, 다른 하나는 지나친 구조를 보인다. 두 극한 사이에서 항상 균형을 찾는 수학 활동은 포르투갈 철학자 안토니오 세르지오(António Sérgio)의 말을 빌리자면 '구조화된 열정' 그러나 표현 가능한 열정에 다름 없다.

파울루 알메이다

없는 것은 아니다. 수학적 아이디어의 본질은 인류의 행복을 위한 것이든, 무기상의 이익을 위한 것이든 상관없이 늘 동일하기 때문이다.

자기 자신의 자유에 관한 한 엄격한 규칙(주로 논증의 규칙)을 적용하는 수학자들은 고대 그리스 시대부터 진리에 다가서는 독특한 방식을 발견하는 데 성공해왔다. 그것은 르네상스 시대에 제도화된 체계적 실험 방법과는 다르다. 어쨌든 두 경우 모두 수학자들이 확인하거나 파기하는 아이디어들은 이미 본능적으로 감지된다. 본능으로 야기된 피해의 위험은 경우에 따라 증명이나 실험으로 조절되지만 그럼에도 불구하고 발견의 과정에 처음 발동을 거는 것은 그 어떤 경우든 역시 본능이다. 그러나 수학에서는 독창적 아이디어의 '사생활'은 거의 엿볼 수 없다. 수학자들이 알아내는 것은 결

응오 바오 쩌우(Ngô Bảo Châu)
파리11대학
프리스턴 고등연구소
필즈 상

타타르족의
사막

나처럼 평범한 수학자에 지나지 않는 사람이 고등 과학연구소에 들어설 때의 기분은 아마도 무슬림 순례자들이 메카에 발을 디딘 순간에 느끼는 가슴 벅참과 비슷할 것이다. 이곳은 그로텐디크가 10여 년 동안 쉬지 않고 사도들에게 신성한 말씀을 가르친 곳이 아니던가. 그 시대에서 우리에게 전해내려온 것이라곤 스프링거에서 출판한 거친 노란색 표지의 두꺼운 외경뿐이다. 학창 시절 "부아마리 대수기하학 세미나(Séminaire de géométrie algébrique du Bois-Marie)"라는 제목으로 묶인 열 권 분량의 책을 보느라 세월이 다 지나갈 지경이었다. 지금도 이 책은 연구에 있어 가장 중요한 지침서로 자리매김하고 있다. 저 사령탑이 들리뉴(Pierre Deligne)가 틀어박혀서 베유 가설을 증명했던 그 전설의 장소란 말인가!

하지만 몇 주가 지나자 경건한 마음은 온데간데 없이 사라지고 지루함이 찾아들었다. 건물은 쾌적한 자연환경에 둘러싸여 아름다운 자태를 뽐내고

Function fields:

Function fields: III-conj: $\pi : \overset{X}{\underset{B}{|}}$ rel. curve of genus $g > 1$. finite except for constant curves

strategy (Parshin, Arakelov): a) bound numerical invariants $(\deg \pi_* \omega_{X/B}, \omega^2_{X/B})$ parametrised by alg. varieties

b) no deformations (rigidity)

a) Hodge-theoretic: $\Gamma(X, \Omega^2_X) \hookrightarrow H^2(X, \mathbb{C})$ bounded dim. $\deg > 0$ Weierstrass-points $\frac{g(g+1)}{2}$

b) rigidity: $\omega^2_{X/B} > 0$ $(H^1(X, \omega^{g-1}_{X/B}) = 0)$, Arakelov $\pi^*(\Lambda^g \pi_* \omega_{X/B}) \hookrightarrow \omega_{X/B}$ (even in char p with maybe different exp)

char $p > 0$: $\le$ zero. $\kappa \ne 0 \Rightarrow$ ok.

Assume we have ∞-many good approx $|z_i - \alpha| \le \frac{c}{H(z_i)^\delta}$

Choose z_1, z_2 with $h(z_1) \gg 0$, $h(z_2)/h(z_1) \gg 0$

Chose $F(\overline{T_1}, \overline{T_2})$ poly of bidegree (d_1, d_2) $d_i \sim \frac{d}{h(z_i)}$

$0 \not\equiv F(\alpha, \alpha) = 0$ to high order (weighted order) $\Rightarrow F(z_1, z_2) = 0$ to high order

Argument that this is not possible (Roth's lemma)

Higher dimensions: X variety, $x_1, ., x_n \in X(K)$ rat'l points $d_i \sim \frac{d}{h(x_i)}$

$h(x_1) \gg 0, h(x_2)/h(x_1) \gg 0, \dots 0 \not\equiv F(\overline{T_1}, , \overline{T_n})$ high order zero at (x_1, x_n)

index $\ge \delta$ if $\partial_1^{i_1} \dots \partial_m^{i_m} f(x) = 0$, $\frac{i_1}{d_1} + \dots + \frac{i_m}{d_m} \ge \delta$

Z_δ index $\ge \delta \subseteq X^n$ ε. $Z_\varepsilon \supseteq Z_{2\varepsilon} \supseteq Z_{3\varepsilon} \supseteq \dots$

Common irred. comp Z

Bound $\deg(Z_i), h(Z_i)/(d\sqrt{d_i})$ $x \in Z_i$

use induction] Vojta: X ab. variety clever choice of line-bundles

$Z \subset X$, $Z(K)$ is finite if it does not contain a translate of an abel. subvar.

...dell-Weil C/K numberfield $J(K)$

$J(K)$ is finitely generated

ingredients: $J(K)/2J(K) < \dots$ finite

ghts: $H(\vec{q}) = \max|p_i|$

...char. fields: K

$C \subseteq \mathbb{P}^n_k \ k(B)$

...B $h(s) = d$

cong $C(K)$ finite

only Vojta (~ 1990)

...uld use this.

dim $= d$

degree $= \delta$, Chow d, δ

...ection-theory for numberfields

$\Rightarrow Z = \overline{Z}_K \subset C$ $h(z) = \frac{\deg Z}{\dots}$

Diophantine Approximation

$f(x, y) = 1$, f hom. of degree > 2

say $f(x, y) = \prod_{i=1} (x - \alpha_i y) = 1.$ α_i distinct

one factor small, others $\sim$ size $H(x, y)$

$(x - \alpha_i) \frac{1}{H(x,y)^{d-1}}$ $|\frac{x}{y} - \alpha_i| \le \frac{c}{H(x,y)^d}$

anyt... ker gives result

Thue ...iegel → Roth.

있었지만 정작 그 내부에서는 아무 일도 일어나지 않았기 때문이다. 그런데 몇 년이 지난 지금에 와서 돌이켜보면 내가 미처 눈치 채지 못한 사이에 중요한 일들이 벌어졌다는 확신이 든다. 물리적 증거가 있는 것은 아니지만 나는 나의 확신을 뒷받침할 만한 일을 경험한 적이 있다.

당시 나는 팔팅스(Gerd Faltings, 왼쪽 사진)의 논문과 몇 주째 씨름 중이었다. 게르트 팔팅스는 여전히 활동 중인 천재적 수학자인 데다가 논문을 쓸 때 문장을 희한하게 표현해서 어떤 때는 전혀 의미를 알 수 없는 문장들이 나타난다. 바로 그런 문장 하나 때문에 나는 몇 주 전부터 고민에 빠져 있었다. 그의 맥락에서 따지면 무엇을 말하고자 하는 것인지 이해할 수 있었지만 언뜻 보면 말이 안 되는 문장은 좀 더 포괄적인 맥락 속의 다른 무엇인가를 암시하는 것 같았다. 그리고 내 관심은 바로 그 무언가였다. 그날 오후, 나는 그 문장의 정확한 뜻을 이해할 수 있었다. 그런데 뜻을 이해한 순간에는 솔직히 다소 실망스러웠다. 뜻을 알아내려 갖은 고생을 했건만 결국 알려지지 않았다는 것만 빼면 전혀 놀라울 것이 없는 열 줄짜리 보조정리를 쓴 게 다였기 때문이다. 차를 마시면서 내 얘기를 들은 로랑 라포르그(Laurent Lafforgue)는 예의 그 열정적 태도로 말했다. "제대로 한 거야!" 그가 흥분하는 모습을 보니 조금 위로가 됐지만 그렇다고 아쉬움이 사라진 것은 아니었다.

그런데 지금은 그의 말이 옳았다는 것을 알게 됐다. 그날 오후, 나는 수학자로서의 내 삶에서 가장

중요한 한순간을 보냈던 것이다.

응오 바오 쩌우

폴 올리비에 드에(Paul-Olivier Dehaye)
옥스퍼드 머튼 대학

이국 취향

"연구 주제가 뭡니까?"
"어떻게 거기에 관심을 가지게 됐나요?"
"그걸 어디에 써먹죠?"
"그 러시아 사람은 왜 상을 거부했답니까?"

"그럼 평소에는 뭘 하세요?"
"종이랑 연필만 달랑이요?"

수학자라면 속사포처럼 쏟아지는 이런 질문에 자주 부딪힐 것이다. 그것은 일반 사람들이 수학자의 연구에 보이는 호기심 반 존경심 반의 증거라고 할 수 있다. 매년 쏟아져나오는 쉽게 풀어쓴 수학 관련 책들도 지금까지 풀리지 않은 중요한 수학 문제들을 푸는 사람에게 수여하는 상과 기부금이 늘어나는 현상과 함께 또 하나의 증거가 된다.

사람들의 호기심은 어디에서 온 것일까?

어쩌면 독특한 수학자들이 많아서 그러는지도 모른다. 아니면 수학자들이 쓰는 이국적 언어 때문일지도. 혹은 수학을 학문의 최고봉에 앉히는 시각 때문일지도 모르겠다.

친애하는 독자 여러분, 여러분은 왜 이 책을 펼치셨나요?

폴 올리비에 드에

문제를 푸는 것이 알프스 산을 오르는 것처럼 힘든 일은 아니지만 외로운 등산가인 수학자는 힘든 길이 나타났을 때 늘 동료들이 도와주리라 믿는다. 도와주는 게 꼭 이타심 때문만은 아니다. 가장 중요한 것은 정상에 오르는 것이다.

수학자가 증명을 하다가 난관에 부딪혔다. 예상치 못했던 돌멩이에 발을 헛디딘 것이다. 어떻게 해야 할까? 아예 처음부터 다시 시작해야 할까? 아니다. 새로운 시각을 가진 친구와 동료들이 달려와줄 테니까. 새로운 눈으로 보면 어떤 곳을 돌아서 가야 할지 단번에 꿰뚫어볼 수 있다.

수학은 두 사람이 하는 게임이다. 한 사람은 열광하고 나머지 한 사람은 주저한다. 열광적인 사람이 흥분하는 이유는 그가

그러나 수학은 두 사람의 대결이 아니다. 그것은 하나의 목표를 향한 공동의 노력이다. 그 목표를 달성하기 어렵기 때문에 흠

잡을 데 없는 철저함이 있어야만 그곳에 닿을 수 있다.

수학은 증명된 진리만이 받아들여지는 이상한 분야다. 진실에게 빚지는 게 없을 때 진실을 가장 잘 빚지는 게 되는 분야다

도사들이 모이면(체스에서처럼) 가끔 이변이 일어난다. 한 사람이 방금 짠 페르시아 양탄자의 화려한 무늬를 펼쳐 보이면 양탄

자에 조예가 깊은 다른 한 사람은 감탄사를 연발한다.

소피 드 뷜(Sophie de Buyl)
브뤼셀 리브르 대학
프랑스 고등과학연구소

호기심

우리 피부에는 1제곱센티미터당 1초에 한 번씩 중성미자라고 불리는 650억 개의 입자가 서로 매우 약하게 반응하며 통과한다고 한다. 미시시피 강 어귀의 시간은 에베레스트 산 정상의 시간보다 천천히 흐르고, 우리의 몸은 대부분 비어 있으며, 빛은 유한한 속도로 뻗어나간다고 한다.

인간의 추상력과 추리력은 실로 감탄스럽다. 인간은 간단한 추론을 통해 자신을 둘러싼 세상을 해독하고, 오감(五感)으로 파악할 수 있는 것 이상의 것을 이해한다. 인간의 지칠 줄 모르는 호기심은 항상 더 많은 질문을 낳고, 그래서 인간의 모험에는 아마 끝이 없을 것이다. 오늘날 물리학계와 자연과학계가 던지고 있는 수많은 근본적 질문들은 지금으로서는 아직 불분명해 보여도 앞으로 100년 안에 완전히 새로운 각도에서 인식될 것이다. 지구가 태양 주위를 돌고, 하늘이 왜 푸른색인지 깨닫게 되었듯이 말이다.

우주가 십여 개의 공간-시간의 차원을 갖고 있다는 사실을 아는가? 블랙홀이 우리 은하계의 한 가운데에 있을 수 있다는 것을, 우리가 실 위에 있는 개미처럼 우리가 속해 있는 우주 전체를 알지 못하고 '껍데기'에만 살고 있을 수 있다는 사실을, 혹은 소립자 하나하나에 초대칭 짝이 있다는 사실을 알고 있는가?

초대칭이론은 현대 물리학의 두 기둥이라 할 수 있는 표준모형과 일반상대성이론을 가능하게 했다. 이 이론들은 향후 이론물리학의 발전을 이끌어 갈 것이다. 나는 어떤 문제의 해답이 우아한 수학의 개입을 불러올 때, 여러 개념들을 통합하고, 우리를 둘러싼 세계를 더욱 심오하게 이해했다는 느낌을 줄 때가 좋다.

소피 드 뷜

티보 다무르(Thibault Damour)
프랑스 고등과학연구소
앨버트 아인슈타인 메달
파웰 메달

샤르트르 거리의 포석과 존스다항식

화자(話者)가 잃어버린 시간을 되찾은 기쁨을 맛본 것은 게르망트 호텔 마당의 울퉁불퉁한 포석을 밟는 순간이었다. 나도 그와 비슷한 경험을 한 적이 있다. 1989년 어느 화창한 가을날, 이제 막 전임교수가 된 나는 샤르트르가 35번지의 포석을 밟았다. 건물 입구 대리석에는 '고등과학연구소'라는 금색 글자가 번쩍이고 있었다.

순간 나는 15년 전으로 되돌아간다. 그리고 아실 파파페트루(Achille Papapetrou)의 친절한 안내를 받으며 고등과학연구소의 문을 처음 들어서던 시간을 다시 한 번 경험한다. 나는 존 A. 휠러(John Archibald Wheeler)의 세미나에 참석하려던 참이었다. 세미나가 열렸던 음악관의 유리벽 너머로 봄날의 정원이 다시 펼쳐진다. 휠러가 커다란 종이를 한 장씩 넘기는 소리도 들린다. 그 종이에는 그가 여러 색깔의 사인펜을 사용해 정성껏 쓰고 그려 준비한 발표 내용이 들어 있었다. 스물셋 청년이었던 내게 그 세미나는 여러 가지 이유로 중요했다. 우선 위대한 물리학자의 생각과 그 인물 자체를 만날

수 있다는 것은 놀라운 경험이다. 또 심오하긴 해도 관찰 가능한 실재와는 동떨어진 연구 프로그램은 피하는 것이 낫겠다는 점을 나는 본능적으로(나

는 경험이 부족한 박사논문 준비생이었다) 이해했다. 휠러는 그러한 연구('초우주'에 미치는 양자중력)를 시작하고 있었다. 마지막 이유는 프랑스 고등사범학교를 졸업하고 프린스턴 대학의 제인 엘리자 프록터 박사후과정 장학금을 받게 된 내가 휠러에게 1974~1975학년도에 중력과 상대성이론을 연구하는 그의 연구팀에 받아달라고 요청했기 때문이다. 휠러는 그러마고 했고, 프린스턴 대학에서 시작된

박사후과정(1974~1976년)은 내 연구와 경력에 지대한 역할을 했다.

　두 번째 오버랩. 다시 15년 앞으로. 전임교수로 임용된 뒤 고등과학연구소 구내식당에서 하는 첫 점심식사. 그렇지 않아도 수학에 문외한인데, 내로라하는 학자들 사이에 앉아 있으려니 영 생뚱맞다. 내 왼편에는 본 존스(Vaughan Jones)가 앉아 있다. 그의 유명한 '다항식'은 얼마 전 에드워드 위튼

(Edward Witten)이 다항식과 몇몇 물리학 모델의 관계를 증명한 연구에 이어 장안의 화제가 되었다. '존스다항식'에 대해서는 아무것도 모른다고 고백해야 할까? 정신적으로나 신체적으로나 모난 데라곤 없는 본 존스는 나를 편안하게 대해주며 이해할 수 있도록 설명해줄까 물었다. 그는 구내식당 테이블에 항시 놓여 있는 종이와 볼펜을 가지고 존스다항식의 역할과 본질, 정의를 단 몇 마디 말과 기호로 이해시켰다. 그때 내가 깨달은 것은 두 가지였다. 첫째, 다양한 분야의 최고 전문가들이 자유롭고 화기애애한 분위기에서(밥을 먹으며, 차를 마시며, 그림을 감상하며 등등) 교류를 나누게 하는 고등과학연구소의 매우 독특한 구조는 글을 통해 접근하면 불편하고 비효율적일 수 있는 지식으로의 지름길을 열어준다는 것이다. 둘째, 인간적으로 무척 따뜻한 과학자들의 은둔처에 합류할 수 있다는 것이 내게 매우 큰 행운이라는 것, 그 행운에 보답하기 위해 나 자신을 뛰어넘어야 한다는 것, 그리고 고등과학연구소에서 지적으로나 인간적으로나 행복하리라는 것이었다.

티보 다무르

게르망트가에서 잠시 머무는 것도 괜찮다. 마르셀 프루스트가 만들어낸 알고리즘 중에는 하나의 동작이나 단어 때문에 장소의 과거, 우리의 잠정적 현실이 되기 전에 그 장소가 경험한 변형을 줄줄이 나타나게 하는 알고리즘이 있다. 세실 드윗은 레 우슈 이론물리학 여름학교를 만들었고, 이본 쇼케브뤼아는 프랑스 과학아카데미의 정회원으로 선출된 최초의 여성이다. 숲의 공작부인에게 인사를 하듯 티타임에 살롱에서 그들을 만난다는 것은 현대물리학이라는 연극을 갑자기 꽉 채우는 것과 같다.

세실 드윗(Cecile DeWitt)
텍사스 대학

1948년부터 현재까지

내가 레옹 모샨(Léon Motchane)을 만난 것은 1948년 11월 13일 프린스턴에서였다. 그 당시 나는 프린스턴 고등연구소에서 박사후과정을 밟고 있었다. 모샨은 내게 율리어스 로버트 오펜하이머(Julius Robert Oppenheimer) 소장과의 만남을 주선해달라는 부탁을 했다. 나처럼 박사후과정 중이던 프리먼 다이슨(Freeman J. Dyson)이 부모님에게 매주 보내던 편지에 모샨이 방문한 일을 언급하지 않았다면 금방 잊어버렸을 사소한 일이었다. 다이슨이 부모님에게 보냈던 편지와 부모님이 돌아가신 뒤부터 누이에게 보냈던 편지들은 놀라운 이야기로 가득 차 있다. 흥미로운 만남들을 많이 가졌던 시기에 일어난 사건들을 전하고 있는 그 편지들은 일부가 출간되기도 했다. 11월 14일, 다이슨은 부모님에게 다음과 같이 적었다.

"어제 세실 때문에 참 재미있는 일이 벌어졌어요. 프랑스인 백만장자(산업계의 거물쯤 된답니다)를 데려와서는 연구소를 구경시켜주지 뭡니까. 그 사람에게 우리 연구소 같은 게 프랑스에도 있다면 좋을 거라는 의견을 강하게 피력했다고 하더군요. 프랑스에 연구소가 생겨 소장으로 임명되면 우리를 모두 불러들여 그곳에서 강의를 하게 해주겠다고 했습니다. 앞으로 두고볼 만할 것 같아요."
– 《미국 물리학회지》, 42(2):37, 1989년 2월.

1950년 프랑스로 귀국한 나의 목표는 이론물리학 여름학교를 세우는 것이었다. 모샨은 더 큰 야망을 가지고 있었다. 프린스턴 고등연구소와 같은 기관을 설립하고 싶었던 것이다. 우리의 바람은 사실 그 성격이 같았다. 그래서 나는 그를 만나러 갔다. 여름학교가 그가 원하는 연구소의 별장쯤 될 수 있기 때문이었다. 우리는 매우 화기애애하게 담소를 나누었다. 이 분야에서 새로운 기관을 설립하려는 사람은 우리가 처음이었다. 하지만 나는 모샨보다 마음이 급했다. 여름학교 설립을 외국인과 결혼하겠다는 조건으로 내세울 정도였다. 모샨은 민간 부문에서 후원금을 구하고 있었다. 나도 안 다녀 본

(Pierre Cartier)를 만나 다방면에서 발휘되는 그의 재능을 발견했다. 2006년에는 우리의 책 『기능적 통합 : 행동과 대칭(Functional Integration, Action and Symmetries)』(케임브리지 대학 출판부)이 출간되었다. 20년 동안 함께 일한 성과였다. 연구자들을 받아들이는 고등과학연구소의 훌륭한 환경이 없었다면 이 연구는 불가능했을 것이다. 나의 여건에 맞게 꽤 장기간의 체류가 가능했고, 체류환경도 비교할 나위 없이 훌륭했다(여행을 많이 해본 나이기에 비교가 가능하다). 숙소, 음식, 연구실, 방문자의 요청을 기꺼이 들어주는 능력 있는 직원들, 그리고 '이곳의 정신', 다시 사는 느낌을 주는 부아마리.

1999년 11월 17일, 우호의 날 행사에서 자크 프리델(Jacques Friedel)이 나에게 레지옹 도뇌르 훈장을 달아주었다.

1996년부터 나는 이사회 일원으로 연구소의 삶에 관여하고 있다. 이사회 회의는 장 피에르 부르기뇽(Jean Pierre Bourguignon)의 지휘 아래 완성된 성과를 확인하는 자리다. 1948년에 시작해서 지금까지 걸어온 길을 살펴보면 레옹 모샨과 장 피에르 부르기뇽, 이렇게 두 사람이 고등과학연구소의 역사를 만들어왔다는 것을 알 수 있다. 레옹 모샨은 연구소를 창립했고, 장 피에르 부르기뇽은 연구소의 도약을 이루어 연구소의 장수를 보장했다. 두 사람 모두 성심껏 책임을 다했고 많은 사람들이 그들의 노고에 박수를 보낼 것이다.

세실 드윗

곳이 없었다. 그리고 교육부 대학교육부서에서 지원금을 얻어낼 수 있었다. 1951년 4월 18일, 그르노블 대학 이사회가 레 우슈(오트 사부아 소재)에 이론물리학 여름학교를 설립했다. 1961년 4월 26일, 나는 브라이스 드윗(Bryce DeWitt)과 결혼했다. 프랑스 고등과학연구소(파리 티에르재단 내 소재)가 탄생한 것은 1958년의 일이다. 연구소는 1962년에 뷔르쉬르이베트의 부아마리로 이전했다.

50년 동안 나는 프랑스 고등과학연구소의 활동에 다양한 자격으로 참여했고, 매번 그 즐거움에 푹 빠졌었다.

기억에 남는 순간들 :

1960년대에 한 칵테일파티에서 피에르 카르티에

이본 쇼케브뤼아(Yvonne Choquet-Bruhat)
피에르 에 마리 퀴리 대학
프랑스 국립과학연구원 은메달

알기, 이해하기, 발견하기

우리는 누구나 커다란 수수께끼에 부딪힌다. 우리의 사고와 외부세계라는 별개의 두 개체를 인식하기 때문이다. "나는 생각한다. 고로 나는 존재한다." 데카르트도 그런 말을 남기지 않았던가. 그러나 우리는 모두(거의 대부분) 다른 것이 존재한다는 것을 인정한다. 그것은 우리가 알아내서 지배하거나 혹은 단지 이해하려는 현실이다. 그런데 '이해한다'는 말은 무슨 뜻일까? 이 말에는 많은 뜻이 담겨 있다.

과학자에게 그 말은 무엇보다 여러 현상을 분류하고 그 현상들을 잇는 관계를 찾아내는 것을 의미한다. 그러한 분류와 관계는 존재한다. 우리의 외부에 있는 현실과 우리가 꿈속에서 만들어내기도 하는 현실이 다르다는 사실을 관찰하는 것이다. 두 번째 단계는 그러한 관계를 좀 더 일반적인 법칙으로 묶는 것이다. 이 일반적 법칙으로 그 관계들이 성립된다. 마지막 단계는 그 법칙을 우리가 고안한 모델로 바꾸는 것이다. 어쩌면 이해한다는 것은 이처럼 우리의 생각과 외부세계의 현실 일부가 맞아떨어지는 것일지도 모른다.

과학자들이 모델을 구축할 때 수학은 가장 중요한 도구가 된다. 오랫동안 유용하게 쓰인 수학은 이제 관찰한 사실을 표현하는 데도 반드시 필요하다. 현실은 훨씬 더 풍요로워졌고 우리의 감각이 우리의 차원에서 인지하는 것보다 더 기묘해졌다. 물리학자가 일상용어로 양자역학을 정확하게 기술하기란 쉽지 않지만 수학 모델이 점점 더 발달되면서 양자역학의 성격을 잘 표현할 수 있게 되었다. 수학자에게 그 모델들은 현실 그 자체가 되었다. 사고의 도구이자 개념의 모태인 수학이 현실에 그토록 부합한다는 사실은 분명 대단한 일이다. 그러나 나는 그 어떤 모델도 현실 전체를 반영할 수는 없다고 생각한다. 바라건대 미래세대에게는 새로운 도구와 관찰 결과들이 마련되어 우리가 예측할 수 없는 놀라움이 예정되어 있기를. 생물학적 체계의 놀라운 복잡성은 수학을 이용한 모델화를 요구하기도 한다. 그리하여 새로운 분야를 만들어내고 사고 자체를 모델화하려고 시도하기도 한다. 그러나 그것이 데카르트가 말하는 '나는 존재한다'를 설명해줄까?

수학이 모든 것에 최종적 답을 제공할 수 있을까? 이에 대한 의문을 뒤로 하고 이제부터는 수학에 대한 찬양을 해볼까 한다. 수학은 보편적 언어

한 사고를 온전히 전달하기 벅차다. 모국어를 사용하더라도 그렇고, 그것을 다시 다른 언어로 표현하기란 더더욱 어렵다. 수학은 실험적 현실을 모델화하는 데 중요한 도구이기도 하지만 그 자체로 경이로운 현실이기도 하다. 수학에 관심이 있는 지구상의(어쩌면 지구 바깥에서도!) 모든 지성들이 방문할수 있는 세계다. 물리 현상을 설명하기 위한 모델을 연구했던 많은 물리학자들이 새로운 수학 개념을 발견하고 경이로워했다. 그렇게 창조된 수학적 존재는 스스로 삶을 살아갔고 다른 존재들을 낳았다. 수학과 물리학이 서로를 풍요롭게 하는 관계에 대한 글은 많이 있기 때문에 더 이상 거론하지 않겠다.

나는 좀 더 개인적인 생각들을 꺼내보고자 한다. 나에게 수학은 이상적 세계로의 도피와 같다. 그곳에서 여행을 멈추게 할 자는 오직 나 자신뿐이다. 그 세계에는 배워야 할 진리와 발견해야 할 진리가 가득하다. 나는 배우는 것을 좋아한다. 아무리 작을지언정 새로운 진리를 발견하는 것은 경이로운 일이다. 물리학에서 시작된 모델에 대해 수학적 결과를 얻는 것은 아주 특별한 맛을 느끼게 한다. 우리가 몸담고 있는 무궁무진한 현실이 아직 알려지지 않은 면모를 가지고 있음을 예견하기 때문이다. 발견이 초라하면 어떠랴! 연구자가 느끼는 기쁨은 이루 말할 수 없다. 나는 수학을 사랑한다. 수학은 추론과 계산이라는 단순한 작업이 결합되어 있다. 구조나 목적에 대한 지침이 없으면 유익한 계산을 할수 없다. 그것은 인간의 뇌이건 컴퓨터이건 마찬가

이다. 수학에서의 진리는 절대적이고 이론의 여지가 없다. 비록 그 확인 작업이 오랜 시간을 필요로 하더라도 말이다. 수학이 아닌 다른 언어로는 정교

Une courte biographie.

Né le 10 juin 1900 à Saint Pétersbourg, Léon MOTCHANE émigre en 1918, avec sa mère et son frère, à Lausanne. Après des études de mathématiques et de physique, il accède en 1919 à un poste d'assistant de physique à l'Université de Lausanne. Il s'établit en France en 1924 et obtient la nationalité française en 1938. Il exerce alors en tant qu'administrateur de sociétés. Pendant la guerre, engagé volontaire, il entre dans la Résistance. Pour ses services, il reçoit la Croix de guerre et la Médaille de la Résistance avec rosette. Tout au long de sa vie, sa passion des mathématiques reste très vive, et, à 54 ans, il soutient une thèse de doctorat sous la direction de Gustave CHOQUET, portant sur les *Propriétés incorrectes en convergence simple*.

지다. 어떤 결과들은 아주 오랜 계산 끝에 얻어지고 그것들은 때론 아주 놀랍다. 또 그 계산은 마지막 증명에서 적당히 넘어갈 수 있는 것도 아니다.

마지막으로 짚고 넘어갈 것은 수학의 세계가 그 세계를 만들어낸(독자가 원한다면 발견했다고 해두자) 연구자 공동체가 있기 때문에 존재한다는 점이다. 같은 이상적 세계의 시민 공동체에 속한다는 것은 수학자에게 큰 행복이다. 같은 분야의 전문가들은 어느 나라에서 왔건 열린 문제들에 대한 진리와 호기심을 공유하게 마련이다. 수학자들의 지식과 공동의 관심은 경쟁 관계로 그들을 분열시키기보다는 서로를 더욱 가깝게 만든다. 의견 교환은 늘 자극적이고 배울 것이 많다. 특히 공동 연구는 감사할 것이 많다. 수학에서 비롯된 호의는 종종 그렇게 진정한 우정으로, 삶의 소금으로 변하기도 한다.

이본 쇼케브뤼아

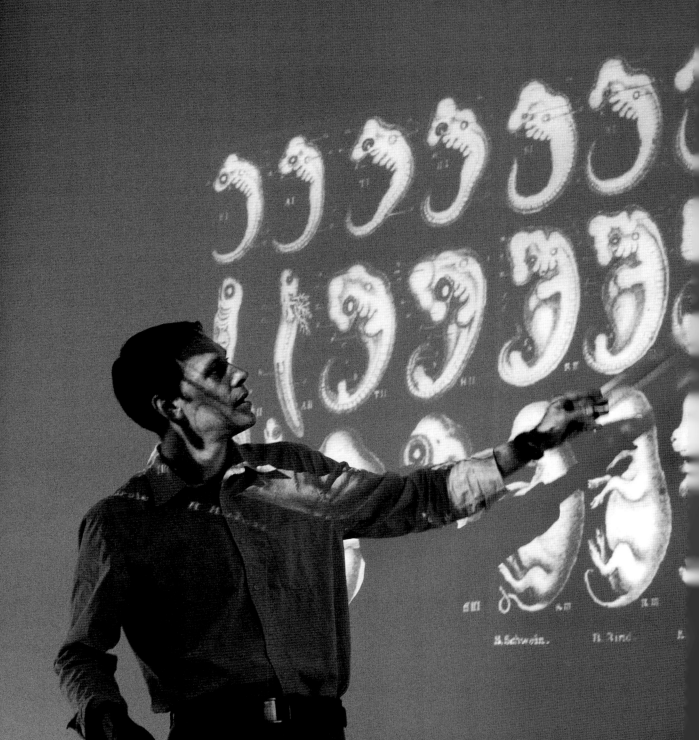

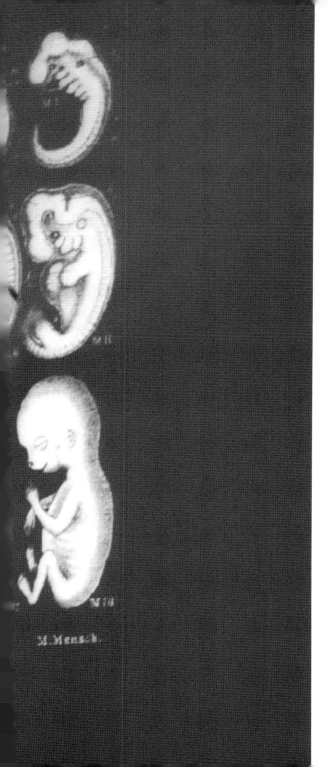

아른트 베네케(Arndt Benecke)
프랑스 국립과학연구원
프랑스 고등과학연구소

알렉산드로스의
검에게 고하는 안녕

어린아이의 눈에는 '수리논리학'과 '쉬운 학습'이
서로 모순되게 보일 수 있다. 영적인 것에 끌리는
사람에게는 '인과관계'와 '자유의지'가, 구체적 현
실을 중시하는 사람에게는 '추상이론'과 '소매 걷
어붙이기'가 서로 모순적인 관계라고 보일 수 있
다. 순수수학과 이론물리학을 연구하는 연구소와
생화학자의 실험대도 어울리지 않기는 마찬가지
다. 여기에 쉬운 답을 줄 수 있다. "물리학이 사물,
그리고 사물 간의 상호작용을 주관하는 법의 바탕
을 이루고, 수학이 그 사물, 그리고 사물 간의 상호
작용을 기술하는 형식 언어라면, 생화학은 생물체,
그리고 생물체 간의 상호작용을 연구하며 물리학
과 수학적 형식화에 기반을 둘 수 있고, 또 그래야
한다." 다른 말로 하면 "한 개인이 어떤 생물학 문
제를 풀 수 있는 것은 '자유의지를 실천'하며 '직관
학습'을 통해 '소매를 걷어붙이면서'이다."

이미 내게는 일상이 되어버린 이러한 접근 방식
이 나는 고리디우스의 매듭을 끊으려는 알렉산드

로스의 검과 같은 논리라고 생각한다. 일방적이고 (검은 매듭을 끊지만 매듭은 검에 아무런 영향도 미치지 않는다) 따라서 공리적이다(검의 '함수'는 매듭의 위상에서 파생되지 않았다).

알렉산드로스의 검이 무뎌서 매듭을 끊지 못한다면 무슨 일이 벌어질까? 생물학에서 발현된 함수의 기술이 그 복잡성을 제대로 인지하지 못해서 연구대상의 진정한 성격을 설명하지 못하면 어떻게 될까? 알렉산드로스의 검과 같은 것이 생물학

에서는 아직 사용될 준비가 되지 않았고 앞으로 만들어내야 하는 것이라면? 그러한 미래의 생물학을 연구하는 것이 물리학과 수학을 더욱 풍요롭게 할 수 있다면? 생물 함수 연구가 아름다움은 차치하고서라도 더욱 발달된 창발적 조직과 기능성을 제공해서 무생물을 연구하는 것보다 수학에 더 많은 영감을 줄 수 있다면?

농담이 아니다. 고리디우스의 매듭(신화에 나오는 매듭은 우리가 말하는 매듭의 위상적 정의와는 다르지만)은 4차원으로 넘어가면 사라지고 만다. 그러니 내 농담도 사실은 농담이 아니다.

창의성에 필요한 지적 자유를 보존하고 자극하는 것은 결국 내가 지금 몸담고 있는 연구소의 본질적 기능에 속한다. 그러니 내가 이곳에 있는 것도 그리 모순은 아니다.

앞에서 말한 내용은 이미 더글러스 호프스태터 (Douglas Hofstadter)가 『괴델, 에셔, 바흐』에서 나보다 훨씬 멋들어지게 설명한 것이다. 또 르네 톰 (René Thom)의 형역학 연구에서도 영감을 받았다. 그의 연구실을 차지하고 있는 나로서는 대단한 영광이 아닐 수 없다.

아른트 베네케

와마르틴이 무대 뒤를 향해 무생물에게도 영혼이 있느냐고 물은 뒤 적잖은 시간이 흘렀다. 그는 목적 없는 질문을 스스로에게 던지는 것도 싫어하지 않았다. 그것이 아무리 부차적인 것일지라도. 요즘은 그의 질문을 아무렇지도 않게 뒤바꾸어 다시 묻는다. 약간 비틀어서. 생물(당신, 나, 다른 모든 사람들, 남조류, 아시아코끼리)은 무생물처럼 측정, 기술, 분류 가능한가? 그러려면 알렉산드로스가 그보다는 조금 더 정교한 도구가 필요하다. 고르디우스의 매듭을 끊으면 시간을 얻는 것은 분명하다. 그러나 매듭을 풀어보려고

아닉 렌(Annick Lesne)
프랑스 국립과학연구원
프랑스 고등과학연구소

생명의 차원에 관한 대화

질문 : 수학을 생물학에 적용한다는 것은 좀 평범한 발상 아닙니까?

아닉 렌 : 사실 새로운 발상은 아니지요. 수학을 이용해서 생물 데이터를 분석하고, 모델을 만들고, 추론을 구조화하는 것은 많은 사람들이 생각합니다. 하지만 반대 방향으로 가는 것, 그러니까 생물학에서 출발해서 수학으로 재해석하는 것은 드물지요.

질문 : 그렇다면 수학자에게 생명체란 무엇입니까? 가령 저는 돌멩이와 어떻게 다릅니까?

아닉 렌 : 당신은 생식을 하지요(그것은 당신이라는 '생존 가능한 답'이 승리했다는 것을 증명합니다. 가능한 모든 변종들보다 더 빨리 번식할 수 있었다는 말이니까요). 그러니까 당신은 헤아릴 수 없을 만큼 많은 이야기의 산물입니다. 돌멩이도 시간의 흐름에 따라 형태가 바뀌지요. 둘로 갈라지거나 끝이 무뎌지거나 더 작은 돌이 되거나 하면서 말입니다. 하지만 돌멩이는 오로지 자신의 이야기의 산물일

뿐입니다. 당신은 생명체(세포, 인간, 생태계)이자 과거에 벌어진 상호작용의 산물이기 때문에 사람들이 당신을 지금 이 순간 보고 있다는 사실 자체만으로 수많은 정보의 보고가 됩니다.

질문 : 멋지군요. 어디에라도 들어맞는 도식이네요. 신문기사에서 세 줄만 떼어낸 다음 과거로 거슬러 올라가며 추론을 해보면 세계사 전체를 알 수 있게 된다는 논리죠. 모든 구체적 사실은 완성된 결말입니다.

아닉 렌 : 그렇습니다. 그러나 생물학적 구조 안에는 더 복잡한 것이 있습니다. 생명의 차원이라는 것이죠. 생명체는 여러 단계로 구성되어 있습니다. 그 단계들은 서로 '알지' 못하고 서로 직접적으로 '이해'하지 못합니다. 그러면서도 서로 조화를 이루어야 하지요. 단백질의 논리는 세포의 논리와 다르고, 세포의 논리는 조직의 논리와 다릅니다. 조직의 논리도 생명체 전체의 논리와 다르지요. 하지만 그 모든 것에 일관성이 있습니다.

질문 : 그렇다면 그 일관성을 이해할 수 있도록 해줄 수학적 도구를 발견하고 싶으시겠군요.

아닉 렌 : 그렇습니다. 그뿐만이 아니지요. 프랙털에 자기유사성이 있다면 생명체에게는 무엇이 있을까 찾는다는 의미에서는 그렇습니다. 각 점에

포지션을 부여하면서 프랙털을 설명하려고 하면 끝이 없습니다. 하지만 "프랙털은 자기유사성이다. 이미지를 확대했을 때 같은 이미지를 얻을 수 있다"라고 프랙털을 설명하면 딱 두 줄이면 충분하지요. 우리가 할 일은 생명체의 조직을 단순화하면서

도 잘 설명할 수 있는 관점을 찾는 것입니다.

다차원적인 생명체의 일관성에 관한 문제를 해결해줄 수학적 도구들이 특별함과 특수성을 통해서 새로운 질문을 낳는다는 점도 의미가 있습니다. 그것은 새로운 수학을 낳겠지요.

질문 : 생물학과는 거리를 두겠군요.

아닉 렌 : 그럼 더 좋고요. 비슷한 예로 수학과 물리학 사이에 있는 브라운 운동을 들어봅시다. 모든 것은 스코틀랜드 식물학자 로버트 브라운(Robert Brown)에서 시작되었습니다. 그의 경험적 관찰이 몇몇 물리학 실험에 사용되었고, 그 이후에 아인슈타인이 이론적으로 체계화했습니다. 그 이론을 실험으로 증명한 사람이 장 페랭(Jean Perrin)이고, 노버트 위너(Norbert Weiner)가 수학적 틀로 공식화했지요. 그 단계에서도 수학과 물리학의 상호작용

이 있었습니다. 위너의 수학식은 늘 물리학자들이 사용했습니다. 하지만 위너의 수많은 수학식은 물리학적 출발점에서 완전히 멀어지게 했습니다. 그리고 바로 그 이론으로 벤들린 베르네르(Wendelin Werner)가 필즈 상을 수상했습니다.

질문 : 대단한 이야기로군요. 생물학 쪽에서는 아직 그런 단계가 아닌 것만 빼면요.

아닉 렌 : 아직 멀었지요. 하지만 변환 그룹을 면밀히 연구하면 불변 그룹, 특히 생명체를 특징짓는 불변 그룹의 조각이라도 증명할 수 있을 것이라고 생각합니다. 생명체를 사건의 연속으로만 보는 생물학자들에게는 그런 발상이 마음에 들지 않겠지만 말입니다. 그들은 생명체가 기적의 연속이라고 보고 있죠. 하지만 그 기적 뒤에 수학적 논리가 숨어 있지 말라는 법은 없지 않습니까.

질문 : 기적이라는 말을 생물학에서 사용하시는 줄은 몰랐네요.

아닉 렌 : 물리학 법칙이 허용하는 모든 사건 중에 일어날 가능성이 제로에 가까운 개별 사건들의 연속이라고 하면 어떻습니까? 생명에 대한 아주 그럴듯한 정의가 아닐까요?

아닉 렌

모든 것은 말에 대해 합의를 보는 것에 달려 있다. 수학자나 이론물리학자나 말의 의미에 지극히 예민하기 때문이다. 수학자와 이론물리학자에게만 정확히 전문적 의미를 띠고 나머지 사람들에게는 좀더 넓은 의미로 사용되는 단어가 문제가 될 때 그들이 어떤지 한번 봐야 한다. 그럴 때면 그들은 단어에 막힌다. 서로 마음 상하게 했기 때문이 아니다. 이해를 하지 못했기 때문이다. 뭔가 막힌다. 추론의 사슬에 고리를 하나 끼워넣었는데 그 고리나 나머지 고리들과는 전혀 상관이 없다. 그러면 생각을 좀 더 명확하게 정리해보려 한다. 다른 사람들도 함께 궁리해준다. 더 적합해 보이는 단어를 제안했을 때 동의하면 그들의 얼굴도 밝아진다. 이제 토론도 카뷰레터에 잠깐 문제가 있었다가 잘 굴러가는 자동차처럼 다시 이어갈 수 있게 된다. 그래서 가끔 그들만의 유희를 즐기도록 유도하는 것도 참 재미있다.

그런 교류는 보통 연구소 카페에서 차를 마실 시간에 일어난다. 명문화된 것은 아니지만 의무도, 처벌도 없는 이 세계에서 지켜야 할 신성한 규칙이 있다. 지성의 집중이 최고조에 달한 이 세계에서는 맛난 차를 홀짝홀짝 마시며 적어도 하루에 한 번 다른 사람의 생각을 앞질러가야 한다. 한쪽에서는 그날의 뉴스에 빠져 있을 때 다른 한쪽에서는 구석에 마련해놓은 작은 칠판(고맙게도 행정실에서 여기저기 적재적소에 칠판을 가져다놓았다) 앞에서 마치 검을 맞부딪히듯 서로에게 분필을 겨누거나 그곳을 지나던 문외한에게 적확한 단어를 쓰려고 궁리 중이다. 그럴 만도 하다. 그들이 계획한 연구는 즉흥이라는 것을 절대 받지 않고, 탄탄한 전체는 정확한 디테일에 의존하기 때문이다. 수학은 심오한

김민형(Minhyong Kim)
옥스퍼드 대학
서울 대학

수학
여행

2009년 여름 케임브리지 대학에서 개최된 정수론 학회 마감 만찬 도중 피에르 들리뉴 교수가 그의 가족 이야기를 들려주었다. 수학이 인생의 전부인 그에게 장성한 두 딸이 있는데 둘 다 수학과는 전혀 무관한 일을 한다는 것이다. 아이들이 어렸을 적에 종종 수학 공부를 도와주고는 했지만 어느 문제고 적어도 세 가지 다른 관점에서 설명하는 습관이 있었기 때문에 아이들이 꽤 괴로워했다고 한다. 그저 정답을 말해주길 원한 것이었는데 말이다.

들리뉴 교수는 일생 동안 수학의 여러 분야에 중요한 기여를 한 수학자다. 그는 1978년 수학자들이 최고의 영예로 생각하는 필즈 상을 수상했고, 2005년에는 자신의 출신지인 벨기에에서 후작 칭호를 수여받았다. 그는 프랑스 고등과학연구소에서 1970년부터 1984년까지 일하다가 미국 프린스턴에 있는 고등연구소로 자리를 옮겨서 은퇴할 때까지 일했다.

따라서 딸들은 완전히 미국 문화 속에서 자랐고

지금도 미국에 살고 있다. 그럼에도 두 사람 다 상당한 벨기에 애국자라고 한다. 어릴 때부터 벨기에 방문을 좋아했고 지금도 틈만 나면 벨기에에서 휴가를 지낸다. 들리뉴 교수는 "내가 벨기에에 대해서는 세 가지로 다르게 설명을 안 했기 때문인 것 같습니다"라고 말했다.

자식은 부모의 영향으로부터 거세게 도망쳐나오는 경우가 많다. 내가 미국에 있을 때 만났던 재미교포 2세 중에는 한국인의 정체를 벗어나려고 애쓰는 젊은이가 많았다. 수학에 반항하는 들리뉴 교수의 두 딸 이야기를 듣고 보니, 어쩌면 그 젊은이들 역시 자신의 부모에게 한국 전통의 의미에 관

한 설명을 수없이 듣고 자라지는 않았을까 하는 생각이 들기도 했다.

그날 모였던 약 15개국 출신의 수학자들은 들리뉴 교수의 이야기에 공감했다. 그들은 영국인, 한국인, 일본인, 독일인, 인도인, 브라질인, 유럽인, 아시아인이기 이전에 하나같이 '수학자'라는 정체성을 강하게 의식했다. 그래서 자녀 중에 부모를 따르는 아이는 수학을 따르게 되고, 부모에 반항하는 아이는 수학에 반항하는 듯했다.

보이는 현실이 아닌 말로써만 되풀이되는 것은 반감을 일으키기 마련이다. 아이들에게 아직 수학은 실감 나는 것이 아닌 만큼 그것을 삶의 중심으

로 강요받기를 원하지 않는다. 사람들은 역시 구체적인 것에 애착을 갖기 마련이다. 수학자에게 수학은 마치 국적과 같은 것이지만, 그렇다고 그 토지에 정말로 뿌리를 내리지는 않는다. 다만 그럴 만큼의 자신의 근거가 될 수는 있다.

영국의 미술사학자 케네스 클라크가 1960년대에 제작한 다큐멘터리 〈문명(Civilization)〉은 책으로 출판되었고 한때는 우리나라(한국)에서 대학 교재로도 사용하였다. 중세유럽에 관한 대목에서 종교가 큰 사회적 비중을 차지했음을 보여주는 예로서 캔터베리 대주교의 국제화를 말하는 부분이 있었다. 막중하게 보이는 그 직무는 전 국민을 대표하는 자리였다. 따라서 객관적인 실력 말고는 따로 따질 만한 자력 요건이 없었고, 대주교의 국적 역시 상관이 없었다. 오늘날 수학의 중심지에서는 수학자의 국적이 중요시되는 일이 극히 드물다. 교수 채용, 대학원생 입학전형, 연구지원 심사과정 등에서 수학 실력 외의 조건은 무시되는 것이 상례다. 그 때문에 수학자들은 상당히 자유롭게 전 세계에서 직장을 구할 수 있으며 연구 활동과 동시에 세계 여러 곳으로 여행할 기회를 갖는다. 나 역시 수학을 하다 보니 3개 대륙에서 직장생활을 했고 많은 도시를 방문했다.

이러한 국제적 교류를 가능하게 하는 곳이 세계 여러 나라에 존재한다. 파리 남부의 고등과학연구소, 독일 본에 있는 막스 플랑크 연구소, 케임브리지의 뉴턴 연구소, 교토의 수리과학 연구소, 그리고 서울의 고등과학원 등은 이런 학문적 교류를 지원하는 목적으로 설립된 기관들이다. 덕택에 수학자는 여러 고장에서 조용히 생활하며 하루 몇 시간씩 일할 공간을 마련해주는, 일종의 고향 같은 친근한 장소를 찾을 수 있다. 그러면서 여러 다른 나라에 대한 견문을 넓힐 수 있는 기회도 갖는다.

수학이 보편적 지위를 얻은 것은 현대 기술사회 속에서만 그러한 것은 아니다. 고대문명의 중심지 이집트의 프톨레마이오스 왕조는 기원전 300년경부터 600~700년 동안 알렉산드리아의 도서관 운영을 지원했다. 알렉산드리아 도서관은 그 당시 전 세계의 과학서를 모아놓은 서고뿐 아니라 과학 교류와 연구의 중심지로서 세계의 학자들이 가족과 함께 머물면서 이방인의 지식을 습득하고 우주를 논하며 아이디어를 교환할 수 있는 공간을 제공한 것으로 유명하다. 그 당시 도서관을 거쳐간 수학자 중에는 유클리드와 아르키메데스 같은 인물들이 여럿이다. 또 그곳에는 상주하는 수학자 외에 현재 이탈리아, 터키, 그리스, 시리아, 리비아, 모로코, 이란, 이라크 등이 된 여러 지역으로부터 학문에 대한 열정을 가지고 모여든 사람들이 많았다. 도서관의 창건은 제국의 국제화를 원하는 알렉산더 대제의 선견지명에 입각했다고 한다. 마케도니아로부터 인도 서북부에 이르는 지역에 하나의 제국을 세우고자 했던 대제는 (아직 젊은) 말년에 페르시아에 머물면서 진정한 국제사회의 창조를 겨냥하는 많은 사업을 벌이고자 했지만 결국 요절했다고 전해진다. 그러나 오늘날의 관점으로 볼 때 정복으로는 정당한 국제화를 추구할 수가 없다.

알렉산더 제국은 조각나고 말았지만, 오늘날 국제사회라는 개념은 훨씬 현실에 가까워져 있다고 할 수 있다. 그러나 그것은 수학과 같이 이해관계를 초월한 보편적 원칙으로 매개되는 것은 아니다. 마케도니아 제국의 자취들이 아직도 남아 있는 중동 지역을 지나보면 국경과 분쟁이라는 정치적 신기루를 넘어 경제와 문화 교류가 하루가 다르게 심화되고 있음을 느낄 수 있다. 두바이 공항 같은 문명의 교차점을 지나면 14~15개국 언어를 자유자재로 구사하는 안내원들이 다색인종 사업가들의 편의를 위하여 지나치게 애쓰고 있는 것을 볼 수 있다. 런던 북쪽으로부터 히드로 공항으로 가는 길

에 어느 택시회사 사장의 한탄을 들은 적이 있다. "요새 와서는 메카순례를 가도 종교적인 분위기를 찾기 힘들어요. 오랜 시간 줄서서 카아바를 배회하며 기도하고 나오면 가족들한테 끌려서 최신 에어컨 시설을 갖춘 쇼핑몰로 직진하지요. 몰은 피자헛이나 KFC 같은 가게들로 가득 차 있고 그렇지요." 파키스탄 출신인 그는 또 메카에 가면 사우디 사람들의 오만과 바가지 장사에 마주치게 되는데 그것도 견디기 어렵다고 불평했다.

독일 바이에른 지방 숲 속 오버볼파흐라는 작은 마을에 수학연구소가 있다. 이 연구소는 1년 내내 학회장소로만 사용된다. 대체로 한 주제당 일주일

을 할당받아서 여러 나라 수학자들이 조용한 분위기 속에서 함께 먹고 자고 강연하고 토의하게 하는 장소다. 저녁 때는 맥주도 마실 수 있다. 그리고 밤과 숲의 향기 속에서 수학 이야기를 끝없이 교환할 수 있다. 상주하는 교수가 없기 때문에 자리를 지키는 사람은 비서 몇이다.

입구 옆 사무실에는 방문객 담당관 아네트 디시 여사가 근무한다. 그녀는 볼파흐 마을 출생으로 일생 동안 고장을 떠나본 일이 없다. 아들은 자동차 수리공인데, 나를 위하여, 대우자동차를 좋아한다고 전해준다. "그 애는 당신들처럼 머리가 좋지는 않았지요. 하지만 고등학교 나오고 일을 시작해서 이제는 상당히 사업이 잘되고 있습니다. 옆 마을에 살고 있어 주말이면 보곤 하지요." 디시 여사는 30년 넘게 같은 자리에서 일했기 때문에 20세기 수학인물상을 잘 알고 있다. 5~6년 전 여름 산술기하학회 기간 중 그녀가 마을 중심에 있는 기념품가게까지 나를 차로 데려다준 적이 있었다. 부모, 자식, 날씨, 시냇물, 이 얘기 저 얘기가 끊어지지 않았다. "먼 데서 온 분들을 만나서 이야기하고 도와드리는 것만큼 즐거운 일은 없지요. 은퇴할 때까지 연구소에서 일해야지요." 그날 오후 늦게 바이에른 특산 나무인형 몇 개를 사가지고 나른한 시냇물 길을 따라 자그마한 교회묘지 앞까지 걸어 나왔다. 웅장한 보리수 그늘에서 몇 분 기다리자 약속대로 디시 여사가 물뿌리개를 들고 울타리 사이로 튀어나왔다. 일주일에 한 번은 조부모 무덤 주위의 꽃밭을 가다듬고 간다고 한다. 함께 차를 타고 덜컹거리는 산길을 올라갈 때 아름다운 석양이 흑색 전나무 삼림을 붉게 물들이고 있었다.

수학자는 이렇게 다른 사람의 고향을 엿보면서 조금씩 자신의 고향을 만들어가는지 모른다. 어떤 나라의 사람들은 자신의 터전을 다른 이와 고향으로서 공유하기도 한다.

김민형

니키타 네크라조프(Nikita Nekrasov)
프랑스 고등과학연구소
헤르만 바일 상
자크 에르브랑 상

수학도 번역이 되나요?

나에게 고등과학연구소는 특별한 장소다. 그곳은 내가 어렸을 적 꿈꿨던 모든 것이 모여 있는 곳이고, 어른이 되고 나서 바랐던 꿈들도 채워주는 곳이다. 프랑스 파리와 멀지 않은 시골에 있는 고등과학연구소는 물리학자도 받아주고 수학자도 받아준다. 그들 중 많은 사람들이 내가 의논하고 싶은 주제들을 연구하고 있다. 그리고 그들은 배움을 쌓게 해주고 과학에 대한 관심을 키워주었던 나라들에서 왔다. 안타깝지만 어떻게 보면 지도에서 사라진 나라들이기도 하다. 소련은 무너졌고, 미국은 9·11테러를 겪었다. 사람들은 예전에 걱정하지 않던 문제들을 걱정하기 시작했다. 그런데 프랑스 고등과학연구소를 스쳐가는 사람들은 다른 세계에 살고 있는 것 같다. 과학만이 관심의 대상이 되는 세계.

레프 란다우(Lev Landau)가 언젠가 그랬다. 이론 물리학자들은 수학을 공부하다가 물리학을 하게 된 사람들이라고. 말하자면 내가 물리학에 관심을 가졌던 건 '나쁜' 이유에서였다. 수학에 대한 사랑은 좋아하는 여자애의 관심을 끌려고 아무런 가책 없이 음악이나 시, 춤을 보여주다가 그걸 사랑하게 된 소년처럼 아주 자연스럽게 뒤따라왔다. 열 살 때였나. 나는 손가락 열 개를 가지고 이것저것 만들어보는 것을 참 좋아했다. 작은 라디오나 전기로 움직이는 자동차 모형(사실 제대로 작동하지는 않았다) 같은 것을 만들었다. 그때 이론적인 과목에도 벌써 관심이 있었고 특히 프랑스어와 프랑스 역사(1980년대 초 소련에서는 정말 이론적 개념이었다)를 좋아했다. 사실 내가 프랑스를 좋아하게 된 것은 다섯 살 때부터였다. 할머니가 혁명 이전에 학교에서 배웠던 기억을 더듬어서 기본적인 프랑스어를 가르쳐주셨다. 그리고 일곱 살인가 여덟 살 때부터 프랑스어를 가르치는 학교에 들어갔다(러시아에서는 대부분 외국어를 열두 살에서 열세 살부터 배운다).

부모님이 이사를 결심하신 것은 내가 열한 살 때였다. 나는 전학을 갔고, 새 학교에서 프랑스어와 프랑스 문명 대신 허풍쟁이 훌리건 반 친구들과 함께 영어를 배웠다. 다행히 그곳에서도 훌륭한 물리

학 선생님을 만날 수 있었다. 선생님은 내가 물리학에 관심이 매우 많다는 것을 알아차리고 더 어려운 물리학을 가르쳐주셨다. 이론물리학과 수학 쪽으로 지도를 해주신 분도 그 선생님이다. 결국 고등학교에서 이과를 선택하게 되었고 고등학교 3년도 좋은 환경에서 보낼 수 있었다. 남다른 점이 있었다면 기하학 기초 수업을 빼곤 전체 수업이 없었다는 것이다. 대신 우리는 선생님이 내주신 문제를 풀면서 집합론, 미분기하학의 기초와 해석학을 배웠다. 나는 물리학과 관련된 것이라면 금세 빠져들었고, 특히 천체물리학에 관심이 많았다. 그중에

서도 별의 진화에 관심이 많아 별의 생성과 사멸을 보여주는 소프트웨어를 개발하려고 했다(초신성이 블랙홀로 변하는 모습을 보고 싶었던 것은 두말하면 잔소리다). 그러나 내가 다루기에는 문제가 복잡한 것을 깨닫고 우주의 진화처럼 좀 더 전반적인 문제를 공부하기로 했다. 그렇게 어찌어찌 하다 보니 마이클 그린(Michael Green) 교수가 《사이언티픽 아메리칸(Scientific American)》에 기고한 '슈퍼스트링 이론'이란 글을 읽게 되었다. 리만 표면을 멋지게 그려놓은 그림도 있었다(물론 그때는 뭐가 뭔지 하나도 몰랐다). 나는 그 자리에서 슈퍼스트링이론에

빠지고 말았다. 그 순간부터(그때 내 나이가 열 넷이었다) 나는 내가 하고 싶은 일이 무엇인지 알았다. 그 순간이 내 선택(대학, 논문 등)을 결정했다. 물론 다른 나라로 오게 될 줄은 꿈에도 몰랐다.

프랑스 고등과학연구소라는 곳이 있다는 것을 처음 들었을 때가 아마 대학 1학년 때였을 것이다. 그때 미하일 그로모프(Mikhail Gromov)의 저서 『편도함수와의 미분관계(Differential relations with partial derivatives)』를 샀던 기억이 생생하다. 러시아어로 번역되어 있던 책을 수학과 친구들과 함께 읽었다. 우리는 'h-principle'을 아주 좋아했는데, 다양한 명제들을 증명할 수 있는 대단한 방법 같았다. 어찌나 좋아했던지 별명을 만들어 붙이기까지 했는데 'h'를 재미있게 발음하는 식이었다. 나는 그로모프의 책이 끈이론을 공부할 나 같은 사람에게 매우 중요한 책이라는 것을 느꼈다. 초보자에게 필요한 것과 조금 거리가 있어 보이긴 했지만 말이다.

끈이론의 매력은 양자중력이론에 있었기 때문에 나는 중력을 양자화하는 데 도움을 줄 수 있는 책을 찾고 있었다. 양자화하는 데 가장 중요해 보이는 것은 물론 4차원 중력이었다. 놀랍게도, 내가 개를 산책시킬 때 들르던 서점이 그럴듯한 제목

의 책을 가지고 있었다. 『4차원 리만 기하학(Four dimensional Riemannian geometry)』은 프랑스 수학자들의 연구 모임인 아르튀르 베스(Arthur Besse)의 세미나 내용을 모아놓은 책이다. 그 책으로 미분기하학의 프랑스학파를 발견했고(대수기하학은 더 나중의 일이다) 지도교수였던 장 피에르 부르기뇽 교수님을 처음 알게 되었다. 안타깝게도 4차원 다양체에 관해 정말 필요했던 정보들을 얻지 못했기 때문에 4차원 중력 양자화를 단박에 해결할 수는 없었다. 하지만 그 책을 통해 베스 세미나가 K3라고 부르는 다양체에 관심이 많다는 것을 알게 되었다.

그건 무슨 내용인지 제대로 파악했다고 생각했다. 아버지가 젊었을 때 산악인으로 활동해서 서재에는 안나푸르나, 초모랑마, K2 등에 관한 책이 가득했기 때문이다. 처음에는 수학자들이 도대체 왜 칸첸중가(에베레스트와 K2 다음으로 히말라야에서 세 번째로 높은 봉우리)를 연구하려고 하는 걸까 했다. 어쨌든 K3가 산 이름도 아니고 핵잠수함 이름도 아니라는 것을 알게 되었다. 암호 같은 이름에는 위대한 K 세 글자(캘러, 코다이라, 쿠머)가 숨어 있다는 것도.

고등과학연구소 물리학 파트와의 만남은 더 파

란만장했다. 아직 졸업장도 없던 학생 신분으로 끈이론과 같이 추상적이고 '물리학을 벗어나는' 분야에 관심을 가졌던 나는 물리학을, 특히 약작용의 현상학에 대해 제대로 연구해낼 수 있다는 것을 증명해보여야 했다. 그곳에서 처음 배우는 것은 뮤입자의 분열이다. 내가 봤던 책[레프 오쿤(Lev Okun)의 책]은 4차원 페르미 상호작용의 파라미터 형태를 이용해서 뮤입자의 수명을 일반 공식으로 제안하고 있었다. 그 식에 들어가는 파라미터를 미셸 파라미터라고 부른다. 미셸이 프랑스식 이름이라고 어렸을 때 배운 게 기억났던 것은 물론이다. 그

래서 프랑스 물리학과 뭔가 관련이 있다는 것을 알았다. 그다음에야 루이 미셸(Louis Michel)이 누구인지, 그가 프랑스 과학계와 사회에 어떤 영향을 미쳤는지 알게 되었다.

몇 년 뒤 나는 대서양을 건너 그곳에서 박사논문을 준비했다. 어느 날 점심식사 때 한 우주론자를 소개받았는데, 척 봐도 유럽 사람인 줄 알겠더라. 그가 티보 다무르(Thibault Damour)였다. 그는 사샤 폴리아코프(Sacha Poliakov)와 함께 많은 사람들이 위험하다고 우려한 주제를 연구하고 있었다. 두 사람은 끈이론의 확인 가능한 예언을 만들어보려

고 했다. 솔직히 그를 처음 만났을 때 내 행동이 그다지 자랑스럽지 않다. 그들의 '최소 조합 원칙'의 근거를 토론하기는커녕 프랑스 여자들에 대해 그다지 정치적으로 올바르지 않은 얘기만 꺼내놓았기 때문이다. 물론 순수하게 이론적 측면에서 말이다. 그 일 때문에 한동안 마음이 편치 않았는데, 어느 날 레프 오쿤 지도교수님이 점심식사를 하며 브루노 폰테코르보(Bruno Pontecorvo)와 마르세유의 한 카페테라스에서 점심 먹었던 이야기를 들려주셨다. 당시 폰테코르보는 일흔이 족히 넘은 고령이었고 파킨슨병을 앓고 있었다. 오쿤 교수님은 그날 바람이 많이 불어서 테이블 위에 있는 냅킨이 자꾸 날아가려고 했다고 하셨다. 그리고 그 중요한 순간에 폰테코르보가 큰 비밀이라도 털어놓는 양 물었다고 한다. "마르세유 처녀들이 파리 여자들보다 얼마나 더 예쁜지 보셨나요?"

내가 아직 대학생이었을 때 크쥐시토프 가웨드스키(Krzysztof Gawedski)가 베네치아에 있는 에르빈 슈뢰딩거 연구소에서 결성한 연구팀에 합류할 생각이 없느냐고 물었다. 덕분에 나는 베네치아 카페의 느긋한 분위기를 즐기면서 박사논문을 쓸 수 있었다. 그 직후에 프랑스 고등과학연구소에 처음으로 초청을 받아 그를 보러갈 수 있었지만 논문 발표 때문에 갈 수 없었다.

한번은 고등과학연구소에 비공식적으로 와본 적이 있었다. 동료이자 친구이고 많은 부분에서 배울 점이 많은 샘슨 샤타슈빌리(Samson Shatashvili)를 만나러갈 때였다. 그는 고등과학연구소의 단골 객원 연구원이었고 앞으로도 그러길 바란다. 그때는 여름이었다. 방문객 몇 명이 막심 콘체비치(Maxim Kontsevitch)의 지휘 아래 오르마유관으로 배구를 하러 갔다. 배구의 매력에 저항할 수 없었던 나는 테니스 챔피언이었던 샘슨의 호된 꾸지람을 들어야 했다.

그로부터 2년 뒤, 다시 한 번 고등과학연구소의 초청을 받았다. 마이크 더글러스(Mike Douglas)가 조직한 연구팀 때문이었다. 그러나 이번에도 집안에 일이 생겨 초청을 수락하지 못했다. 자꾸 튕기는 것을 참지 못했는지 고등과학연구소는 아예 종신 교수직을 제안했다. 어떻게 거절할 수 있겠는가. 몇 년 뒤에야 내가 고용된 데 배구를 할 줄 안다는 게 크게 작용했다는 걸 알았다.

언젠가 사샤 폴리아코프(Sacha Polyakov)의 글을 읽은 적이 있다. 그는 끈이론 학자들의 존경과 질투를 한 몸에 받는 인물이다. 그 글의 결론은 프랑스 고등과학연구소가 물리학을 하기에 세상에서 가장 좋은 곳이라는 것이었다. 언제나처럼 그는 그 말을 증명하기 위한 중간 계산 몇 개를 사뿐사뿐 건너뛰었다. 그래서 이론의 여지없는 결과는 복제하기 매우 어렵다. 하지만 나는 이곳에서 연구를 계속하고 있다. 배구 경기에 자꾸 빠져서 쫓겨날 위험에 처한 채.

니키타 네크라조프

야니스 블라소폴로스(Yannis Vlassopoulos)
아테네 대학

사고의 기술

구조의 탐구

수학은 신비의 베일이 드리워져 있어서인지 오늘날 많은 사람들에게 약간의 거부감과 동시에 일종의 동경을 불러일으킨다. 어쨌든 '수학을 한다'는 것은 인류가 지닌 가장 중요한 재능이며 우리를 둘러싸고 있는 세상에 의미를 부여할 수 있는 가장 효과적 수단임은 틀림없는 사실이다.

문화와 문명을 선조에게 유산으로 물려받아 대를 이어 전해주는 '오픈소스' 소프트웨어라고 한다면, 수학이란 그 소프트웨어를 구성하는 가장 보편적인 부품 중 하나가 될 것이다. 수학자들이 교육, 문화, 국적에 상관없이 커뮤니케이션과 협력에 있어 아무런 문제가 없다는 것이 그 증거다.

흔히 수학을 논리학과 동일시하는데, 그 말은 증명을 필요로 한다는 것을 의미한다. 즉 기본적인 정의에서 출발해서 논리적인 일련의 단계를 거쳐 다시 제자리에 돌아와야 한다. 그러나 수학자들 대부분은 실험(예시)에 기댄 '직관'과 노련함이야말로 참이 무엇일 것이라고 추측할 수 있는 수단이라고 말할 것이다. 어떤 의미에서는 그렇게 엿본 진실이 도달해야 할 목적지인 셈이다. 그렇다면 증명이란 두 가지 역할을 한다. 그 목적지가 실제로 존재한다는 것을 확인하는 것과 기본적인 일련의 지시사항을 가지고 목적지로 갈 수 있는 '고속도로(혹은 구불구불한 길)를 뚫는 것'이다. 각 지시사항을 가장 기초적인 수준까지 헤집고 내려가보면 누구나 이해할 수 있는 일련의 논리적 단계를 발견할 수 있다. 그러나 각 단계를 상세하게 추적한다고 해서 앞으로의 여정이나 목적지에 대해 이해할 수 있다는 보장은 없다. 다시 말해서 지시사항을 하나하나 지킨다고 해서 반드시 머릿속에서 그림이 그려지라는 법도 없고 이미 머릿속에서 작동하고 있는 '소프트웨어'에 통합된다는 법도 없다. 그런데 전체에 대한 이해를 하고 있는 사람이 고속도로를 뚫거나 타고 가면 원래 목적지와는 다른 곳을 발견하고 그곳에 도착할 수 있다. 증명도 그와 같은 원리다.

수학의 본질은 구조를 규명하고, 집약하고 분석하는 것이라 할 수 있다. 구조가 존재한다는 것은 통상 연산의 형태로 나타낸다. 그것은 어떤 대상과 연산을 만들어낼 수 있으며, 하나 이상의 대상에 연산을 적용해 같은 유형의 대상을 더 많이 만들어낼 수 있다는 의미다. 덧셈이나 곱셈을 할 줄 아는 사람이라면 누구나 이해할 수 있는 사실이다. 그러나 우리가 구조를 코드화할 때에는 서로 다른 유형의 수많은 대상을 다뤄야 한다. 이에 관해서는 표면 간의 연산을 필요로 하는 사례를 뒤에서 살펴보도록 하겠다.

이런 식의 설명은 우리가 대수학이라고 부르는 것을 설명하는 방식처럼 보이지만 대수학과 기하학의 상호작용은 잘 알려져 있다. 기하학의 문제는 선험적으로 직관적인 접근법에 더 기인하는데, 상태를 설명하는 대수학 모델의 구축이 큰 도움이 되는 게 일반적이다. 그래도 수학을 수학자가 아닌 사람에게 설명하는 것은 어려운 일이다.

음악을 연주할 수 없는 상태의 음악가가 악보를 보아야만 음악을 느낄 수 있는 청중을 상대할 때와 똑같은 문제인 것 같다. 그것은 음악가에게는 별문제가 아니지만 청중에게는 큰 문제가 된다. 다시 말하면 우리가 음악을 연주하는 것처럼 '수학을 연주'할 수 있는 방법이 있다면 소통이 훨씬 쉬울 것이다. 우리는 '수학 한 곡을 연주'하기 위해 그것을 물리학적 상황에 적용할 수 있다. 열전도 방정식을 예로 들어보자.

$$\frac{\partial}{\partial t} f(x, t) = \frac{1}{2} \frac{\partial^2}{\partial x^2} f(x, t)$$

이 방정식은 금속막대의 한 점에 열을 가하고 막대에 열이 퍼지는 것(점에서 x만큼 떨어진 거리에서 시간 t 이후)을 관찰한 것을 의미할 수 있다. 또는 블랙숄즈 모형에 적용할 수 있는 개별 사례로 볼 수도 있다. 주식시장에서 거래된 옵션 만기일을 기준으로 일정 시기 t에 형성된 가격은 $f(x, t)$이며, 지수 x는 옵션의 가격이다.

그러나 이 예는 수학이 사고나 이해의 기술이며, 반드시 특정한 문제에 관한 것은 아니라는 사실을 보여준다.

물론 물리학은 아름답고도 중요한 수학에서 많

은 부분을 차지한다. 또 수학이 물리학의 과정에 있어서 가시적 특징에 가장 가까이 접근할 수 있는 것도 기하학을 통해서이다.

기하학과 물리학에서 비롯된 연산에 대해 다시 한 번 언급하며 이 글을 마치고자 한다.

끈이론에서 입자는 파라미터화되지 않은 고리(그것을 끈이라고 부른다)로 나타낸다. 입자는 이동하면서 관을 만들고 상호작용하면서 표면을 만든다. 바지를 생각하면 쉽게 이해된다. 두 개의 고리가 서로 상호작용하며 하나가 되는 모양을 보여주기 때문이다. 표면의 끝에는 관이 있는데, 그 관은 들어가고 나가는 끈에 해당한다. 뉴턴의 관성의 법칙과 비슷한 것이 작용해 표면은 '복합 구조'를 갖게 된다. 말하자면 단면으로 된 조각들을 접합 부

위가 각의 값과 방향을 유지하도록 깁는 방식이다. 표면은 한 면에서 나가는 관을 다른 표면의 들어가는 관에 붙도록 해서 구성될 수 있다. 그것은 끈 간의 상호작용뿐만 아니라 복합 구조를 파라미터화한 공간의 조각들에 관한 연산이다. 사실 이것은 어떤 그래프들 간의 연산으로 풀이될 수도 있다. 그것을 표면의 척추라고 생각할 수도 있는데, 만약 그것을 제거하면 표면에 남아 있는 것은 일정한 수의 점으로 연속적으로 줄어들 수 있기 때문이다. 이렇듯 기하학적이고 물리학적인 문제를 대수학 연산도 포함한 결합 구조로 나타낼 수 있다. 그것은 사고의 대상이 되기를 기다리는 사고의 기술이다.

야니스 블라소폴로스

이반 토도로프(Ivan Todorov)
불가리아 과학원

수리물리학

나의 부모님은 두 분 모두 문헌학자셨다(나의 형제 츠테방도 마찬가지다). 그래서 어린 시절 정밀과학과 일찍 접할 기회가 없었다. 그 대신 과학사나 인문과학과의 교류에 대한 관심을 갖기 시작했다.

겉으로는 무관해 보이는 여러 현상들을 똑같은 수학 법칙이 지배할 수 있다는 사실을 발견하는 것은 언제나 놀랍다. 수학 간의 예정된 조화에 대해 펠릭스 클라인(Felix Klein)이 제시한 사례와 자연의 현상들은 훨씬 더 인상적이다. 음악에서 수가 음을 지배한다는 것은 수학을 과학으로 정립한 피타고라스와 그 학파의 주요 관심사였다. 유명세는 덜하지만 똑같은 예가 최근에도 있었다. 수많은 물리학자들의 이론 및 실험 연구의 연장선상에서 오랜 기간 동안 열심히 연구한 막스 플랑크(Max Planck)는 1900년에 흑체의 복사에너지 방출에 대한 이론을 발표했고, 그것은 양자론의 출발점이 되었다. 그러나 플랑크의 원리를 저주파(혹은 높은 온도)에서 발전시킨 것이 베르누이의 수라는 것을 아는 사람은 없는 것 같다. 자콥 베르누이(Jacob Bernouilli)는 확

률이론에 그의 수를 적용했다. 19세기에는 그것을 정수론의 기본인 모듈과 연계시켰다. 정수론에서 중요한 역할을 하는 푸리에 급수의 계수는 통계역학에서는 다중도로 나타난다.

나의 젊은 동료 N. M. 니콜로프와 나는 4차원의 규격화된 유일한 모듈 형식이 컴팩티파이된 등각 시공간에서 에너지 방출을 재생산한다는 것을 증명했다(프랑스 고등과학연구소에서 마지막으로 체류할 때 막심 콘체비치(Maxim Kontsevitch)와 열띤 토론을 벌인 뒤 끝낸 논문이었다).

스타네프와 내가 쓴 논문도 즐거운 기억이다. 고등과학연구소에서(다른 객원 연구원이었던 B. B. 벤코프의 도움으로) 시작했던 논문에서 크니즈니크 자몰로치코프 방정식을 위한 로랑 슈와르츠(유한 모노드로미)의 문제를 풀기 위해 갈루아 군을 단위의 근으로 사용했다. 이것은 정수론과 등각장론의 관계를 새롭게 정립했다.

전설적인 알렉산더 그로텐디크(프랑스 고등과학연구소가 1960년대에 누렸던 영광은 대부분 그로텐디크 덕분이었다)는 『추수와 파종』에서 대수기하학을 추상적으로 접근하는 데 있어서 연속체 기하학과 불연속적 정수기하학의 공통분모를 찾고 싶다는 바람이 얼마나 강력한 자극제인지 말하고 있다. 알랭 콘 역시 비가환기하학에서 불연속과 연속을 통합하는 관점을 제시한 바 있다. 디르크 크라이머가 호프대수로 재규격화를 접근하는 방식에 관해 열었던 세미나에 대한 기억도 무척 생생하다. 세미나에서 벌어진 토론(종종 식사 시간으로 이어졌다)으로 콘과 모스코비치가 비가환기하학의 정리 연구에 도입한 호프대수학과 밀접한 관련이 있음이 밝혀졌다. 프랑스 고등과학연구소 40주년 기념행사에서 피에르 카르티에가 했던 예언자적 연설은 10년 전보다 지금 더 현실과 가깝다.

이반 **토도로프**

안나 비엔하르트(Anna Wienhard)
시카고 대학

동어반복의 찬미

정확하고 빈틈없는 수학적 발화(發話)는 상황에 관계없이 참이다. 따라서 늘 동어반복이다. 그러다 보면 공허하고 지루하게 들릴 수도 있다.

수학적 사고(思考)는 미지의 동어반복을 탐험하고 발견하는 과정이다. 다양성을 확립하고, 외부에서 바라보면 의미가 없는 듯한 동어반복에게 고유의 구조를 만들어주거나 찾아준다.

그러한 노력이 발견되고, 만들어지고, 구조화되기만을 기다리는 동어반복이 가득한 멋진 세계로 나아가게 해주고, 결국 영원히 고갈되지 않을 풍부한 의미가 가득한 전체가 탄생한다.

안나 비엔하르트

조반니 란디(Giovanni Landi)
트리에스테 대학

신세계

고대 그리스인들에게 참이란 거짓의 반대가 아니라 '알레테이아(ἀλήθεια)', 즉 베일이 벗겨진 것, 숨기지 않은 것, 모르지 않는 것이었다.

마침내 베일을 벗을 황홀한 신세계로 가는 문을 열어줄 아주 조그만 단서라도 찾으려고 우리는 미지의 세계에서 천천히 앞으로 나아가고 있다. 그곳의 불을 밝히는 행복한 수학 여행자는 '진리'의 부분을 드러나게 하고, 홀로 느끼는 순수한 기쁨의 순간을 보상으로 받는다.

조반니 란디

피에르 들리뉴(Pierre Deligne)
프린스턴 고등연구소
필즈 상
크라포르드 상

음악관

내게 고등과학연구소는 숲가의 큰 유리창이 있는 건물이다. 과거 음악관이었던 이곳에는 좌측에 도서관이 있었고, 우측에 회의실이 있었다. 화요일 오후가 되면 부아마리 대수기하학 세미나가 열렸던 그곳에서, 그로텐디크는 오늘날 우리에게 익숙한 대수기하학을 정립했다.

요즘도 그런 소릴 자주 듣지만 사실 사람들의 생각과는 달리 그로텐디크가 절대적인 일반화를 추구한 것은 아니다. 그가 바란 이상은 정리들을 완벽하게 이해하고, 그들 증명에 필요한 정의들을 심사숙고하여 정립하는 것이었다. 그렇게 해서 기하학의 개념 하나하나가 멀리서도 빛날 수 있도록. 그것을 위한 핵심 단어 중 하나가 '풀기'였다.

그로텐디크가 대수곡선류에서 정의된 상수층의 경우에서 출발하여 정규 사상 $f: g^* R f_* \to R f'_* g'^*$ 에 대하여 기저변환정리를 증명했던 날 나는 입을 다물 수 없었다. 명백한 보조 정리들이 뒤를 이었고 한 시간 뒤 심오한 정리가 완성되었다.

그의 처리 방식은 내게 이상적인 모델이 되었다

(그 이상에 다다른 적은 별로 없다). 이해하는 데 얼마나 많은 노력이 필요한지 아무도 눈치 채지 못하기를.

피에르 들리뉴

클레르 부아쟁(Claire Voisin)
프랑스 국립과학연구원
쥐시외 수학연구소
프랑스 고등과학연구소
프랑스 국립과학연구원 은메달
클레이 리서치 상

고래 만세

수학은 분명 호기심을 자극하지만 수학자가 수학을 논하기 시작하면 여지없이 지루함과 고통을 유발한다. 더구나 수학자들은 각자의 연구 분야를 치켜세우길 좋아하고 이런 저런 추측이 왜 그토록 중요한지 이해시키고 싶어한다. 그러나 '위상불변'이니 '다항 방정식'이니 '거리함수 곡률'이니 '모듈라이공간' 등의 표현은 쓸 수 없으니 할 수 없이 뚱하게 입을 다무는 수밖에 다른 도리가 없다.

이 침묵을 깨고자 비유 하나를 들어볼까 한다. 그래서 생각난 것이 모비 딕의 세계다. 수학은 워낙 망망대해처럼 거대해서 멀리 떨어져 있는 부분들을 서로 맞닿게 할 수 없지만 물처럼 응집력이 있다. 수학의 세계는 바다와 마찬가지로 보이지 않는 부분이 보이는 부분보다 훨씬 더 크다. 우리를 이끄는 것은 바로 이 보이지 않는 부분이다. 그 부분은 아직 모습을 드러내지 않았을 뿐이다. 시간이 더 흐르면 그 부분은 우리가 접근할 수 있는 곳으로 변할 것이다.

수학자는 이스마엘, 에이허브 선장, 쾨퀘그로 분

해서 파도에서 읽을 수 있는 것을 최대한 해독한다. 그러면서도 항해의 목적이었던 백경(각자의 성격이나 행운에 따라 몸집이 다른)이 나타나는지 주위를 살핀다.

클레르 부아쟁

장 마르크 데주이에(Jean-Marc Deshouillers)
보르도 대학

거기에
무엇을 적는가?

칠판이 있다. 그 앞에 남자 둘이 앉아 있다. 광경이 벌어지는 내내 두 사람은 한마디도 하지 않는다. 그중 한 남자가 고개를 갸우뚱하더니 자리에서 일어나 칠판 앞으로 다가간다. 그리고 칠판에 공식 하나를 적더니 자리로 돌아와 앉는다. 그러자 다른 남자가 이맛살을 찌푸리며 자리에서 일어나 칠판에 공식을 고쳐 쓴다. 수학자가 연구하는 모습, 의사소통을 하는 모습, 인간관계를 맺는 모습을 과장해서 표현한 장면이다. 그런데 이게 자기 모습이라고 생각하는 수학자는 아마 없을 것이다. 어쨌든 이 자리를 빌려 수학자들의 활동을 현실보다 더 리얼하게, 그리고 때로는 매우 정교하게 그린 작가와 감독들(특히 데이비드 어번(David Auburn)과 그의 작품 〈프루프(Proof)〉)에게 경의를 표하고 싶다. 그런

데 수학자(남녀 구분 없이 수학을 '하는' 사람을 가리키는 총칭)들은 조용하지도 않을뿐더러 '공식'의 교환이 그들이 나누는 의사소통의 다가 아니다.

칠판은 수학자들이 의사소통을 할 때 없어서는 안 될 도구는 아니다(버스 안에서나 길을 걷거나 혹은 식사를 함께하며 '수학을 할' 수 있기 때문이다). 그러나 세미나실이나 연구실에 어김없이 설치되어 있는 칠판은 중요한 요소임에는 틀림없다.

거기에 무엇을 적는가?

'수학의 담화'는 상당히 코드화되어 있다. 코드화라는 말을 들으면 수학의 외적 형태가 가장 먼저 떠오른다. 형태가 존재하는 이유도 바로 그 때

문이다. 형식주의의 역할은 담화의 유효성을 인정하는 것이다(또 그래야 한다). 그러나 수학의 담화는 기표일 뿐이다. 형태라는 것은 아무리 복잡하더라도 의미를 만들어낼 수 없다. 아무리 복잡한 분자를 합성해도 생명을 탄생시킬 수 없는 것과 마찬가지다. 수학자들은 대화를 나눌 때에도 서로에게 의미를 전달하려고 한다. 개념을 다루고 그 개념에 대한 정신적 표상을 교환한다. 오늘날에는 이것이 가장 일반적인 수학 행위다. 그러나 1960년대에는 달랐던 게 기억난다. 당시에는 수학자가 좀 복잡한 문제를 풀 때 풀이를 칠판 한구석에 아주 작게 썼다가 급히 지웠다. 그런 다음 최대한 형식화된 말로 풀이를 설명했다.

독백이나 대화로 진행되는 '창조의 단계'에서 칠판은 사고의 도구 역할을 초월해서 창조의 진정한 주체로 거듭난다. 아무렇게나 갈겨 쓴 풀이를 '사고'하고, 시인이 된 수학자의 사고에 확실한 증거를 제시하며 내가 외워서 옮긴 생각, '내가 적은 것은 생각한다고 생각할 수 없었던 것을 생각하게 만든다'는 생각을 바꿔준다.

주로 구두로 진행되는 '프레젠테이션 단계'에서도 칠판은 담화에 힘을 실어준다. 논리 전개를 보여주고, 기억에 도움을 준다(30분 이상 지속되면 써놓은 원고는 별 소용이 없어진다). 칠판을 메우며 보낸 시간은 발표의 맺고 끊기를 조절해준다. 그러나 칠판은 무엇보다 머릿속으로 생각했던 이미지를 구현하는 도구가 된다. 수학이라는 창조활동의 과정을 하나씩 밟아가며 보여주기 때문에 칠판이 수학 도상학의 중요한 요소가 되었을 것이다.

그렇다면 칠판은 최신 기술에 밀려날까? 너나 할 것 없이 모두 최신 기술만 찾으니 그렇게 생각할 만도 하다. 그러나 최신 기술을 아무리 잘 익혔다 한들 칠판이 줄 수 있는 개인적, 물리적, 인간적, 장인적 측면은 대체될 수 없을 것이다. 칠판은 수학의 기술을 즉각적이고 자유롭게 표현할 수 있다. 우리는 지금 칠판이 구시대의 유물로 전락하는 과도기에 있는 것일까?

장 마르크 데주이에

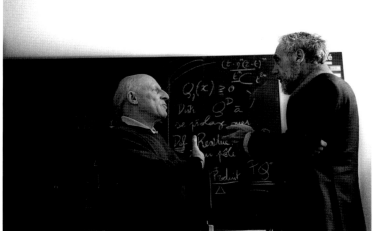

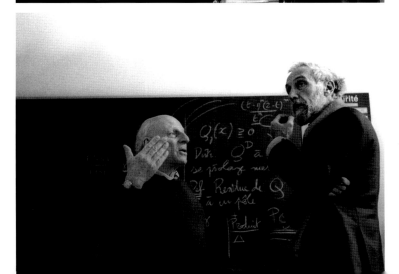

피에르 카르티에(Pierre Cartier)
프랑스 국립과학연구원
드니 디드로 대학
앙페르 상

연대

외국을 여행하는 수학자는 단순한 관광객일 수 없다. 정상적인 상황에서는 수학자라는 직업 때문에 끈끈함으로 뭉친 집단에 받아들여지게 된다. 그곳에서는 여러 가치들을 암묵적으로 공유하는데, 수

학자 공동체를 대략적으로 특징짓는 인문주의적 사고의 가치가 그것이다. 수학자들은 자유로운 정신의 소유자들이다. 1920년 스트라스부르에서 열린 국제수학자대회에서 독일 수학자들이 배제되었던 것처럼 가끔 방황도 하지만 말이다. 독일 수학자들이 다시 합류한 것은 1928년이었다. 반면 스탈린 체제하의 소련 수학자들은 예를 들어 생물학자들과 같은 이데올로기적 일탈은 겪지 않았다. 그들이 애매한 상황에 있었기 때문이리라. 소련은 핵과 군수산업 때문에 수준 높은 과학자들이 필요했다. 그래서 과학자들을 대접하는 분위기이기도 했고, 직접적인 응용과는 거리가 있었기 때문에 음악가나 체스 선수처럼 위험하지 않은 그룹으로 분류되었다. 그렇게 뒤로 물러나 있는 것이 극단적 상황에서는 피난처 구실을 하는 것이 사실이다. 그런 경우 자폐증과 비교될 정도로 정신적으로나 육체적으로 초연해지는 방법을 발달시킨다. 피아니스트 미구엘 앙헬 에스트렐라(Miguel Angel Estrella)가 감옥에 갇혔을 때 머릿속으로 소나타를 연주했던 것처럼 수학을 피난처로 삼는 것이다. 나도 알제리전쟁에 참전했을 때 가방 속에 수학책을 늘 가지고 다니며 잠깐이라도 혼자 있을 수 있는 시간이라도 나면 구석에서 읽으며 가장 힘들었던 순간들을 보냈던 생각이 난다.

나를 포함해서 그렇게 애매한 수학자의 지위를 누렸던 사람들이 몇 있었다. 주로 국제수학자대회가 독재국가에서 열렸을 때였다. 차우셰스쿠가 독재자로 있던 루마니아에서도 그랬고, 프라하

의 봄이 지난 뒤 방문했던 체코슬로바키아에서도 그랬다. 프라하에는 장 피에르 베르낭(Jean-Pierre Vernant), 자크 데리다(Jacques Derrida), 나탈리 루사리(Nathalie Roussarie), 그리고 아드리앙 두아디(Adrien Douady)의 친척이 이끌던 얀 후스 협회를 위해 방문했었다. 나는 금서(플라톤의 『국가』 등)와 지금으로 따지면 약 1만 유로쯤 되는 꽤 많은 돈을

배달하는 임무를 맡았다. 당시 저항군의 지도자 중 한 사람이었던 표트르 울(Piotr Uhl)은 보수적인 프라하 사람이었다. 경찰의 감시가 심하니 창문 가까이 가지 말라는 주의를 준 그는 내가 물건을 건네자마자 타자기 앞에 앉더니 영수증을 쳐주는 게 아닌가! 나는 문을 나서자마자 영수증을 입에 넣어 삼켜버렸다.

로랑 슈와르츠(Laurent Schwartz), 장 루이 베르디에(Jean-Louis Verdier), 마르셀 베르제(Marcel Berger), 알랭 기샤르데(Alain Guichardet)와 함께 폴란드에 간 적도 있었다. 상황은 달랐다. 야루젤스키의 쿠데타가 벌어진 직후인 1981년 12월 13일이었다. 말이 나와서 말인데, 요즘에는 폴란드 사람 중 야루젤스키를 제대로 평가하는 사람이 없다. 군사 쿠데타를 겪은 뒤 그는 러시아에 "내가 장악하고 있으니 더 이상 폴란드를 점령할 필요가 없다"고 말할 수 있었다. 내가 기억하기로는 야루젤스키의 부모가 카틴에서 살해당했으며 그가 선글라스를 끼는 이유는 10년 동안 강제 수용되었던 시베리아에서 눈밭에 눈을 상했기 때문이다. 어쨌든 때는 1981년 겨울이었다. 국제수학자대회는 1982년에 바르샤바에서 개최될 예정이었다. 우리는 전형적인 딜레마에 부딪혔다. 갈 것인가 말 것인가? 찬성할 것인가 보이콧할 것인가? 그래서 1982년 2월 사전답사 방문이 이뤄진 것이었다. 분위기는 험악했다. 하나밖에 없는 외국인 전용 호텔의 바에는 밀고자도 많았고 멋진 모험도 많았다. 우리가 도착한 다음날 코페르니쿠스 광장에 있는 과학원에서 공식 모임을

가졌다. 원장은 연단으로 올라갔다. "폴란드수학협회의 이름으로 여러분을 초대했습니다만 안타깝게도 다른 단체들과 똑같은 명목으로 협회의 활동은 금지된 상태입니다." 하지만 식사는 마련되어 있었기에 우리는 식사를 하며 의견을 나누기 시작했다. 그때 한 학생이 다가왔다. "프랑스 분들이시죠? 여러분께 전해드리라고 해서요." 학생은 주머니에서 편지 한 통을 꺼내더니 로랑 슈와르츠에게 건넸다. 로랑 슈와르츠는 안경을 꺼내 편지를 읽기 시작했다. 나는 그를 발로 툭 건드렸다. "무슨 일인가?" 다시 한 번 발로 치자 그제야 눈치를 채고는 안경을 벗어 챙겼다. 편지는 투옥된 150명의 폴란드 수학자 명단이었다. '그들'은 우리가 수학자대회를 통해 수학자들을 감옥에서 빼내주기를 바랐다. 우리에게 편지를 건넸던 청년은 내게 넌지시 물었다. "혹시 브로츠와프 가보고 싶지 않으신가요?" 늘 듬직하고 멋진 장 루이 베르디에와 눈빛을 교환하고 우리는 그렇다고 했다. 당시 어디 내놓을 만한 프랑스 대표단으로는 우리가 유일하다고 생각했던 프랑스대사는 모든 준비를 해주었고, 우리는 그날 저녁 비행기 표와 사증을 필한 여권까지 받았다.

평상시에 브로츠와프는 인파와 트럭, 공장 매연으로 가득하다. 그러나 그날은 아무것도 볼 수 없었다. 총파업으로 도시는 쥐 죽은 듯 조용했고 경찰들만 보일 뿐이었다. 우리는 어디로 가야 할지 몰랐다. '라투스'(폴란드 독일어로 시청을 가리키는 '라타우스')라고 적힌 표지판이 보였고 중앙광장에

는 대학생들이 다니는 카페 몇 군데가 영업 중이었다. 우리는 카페 한 군데로 들어갔고 금세 제대로 찾아온 것을 알았다. 주인은 우리를 자리로 안내하지 않고 다른 사람들처럼 줄을 서게 했다. 모두가 평등했으니 민주주의의 친구들 틈에 있는 셈이었다. 아니나 다를까 자리에 앉자마자 어떤 청년이 다가왔다. "프랑스 분들이시죠?" 청년의 친구들도 합류했다. 경찰의 사주는 아니었다. 청년들은 우리

를 저항군 지도자와의 약속 장소로 안내했다. 그는 투옥되었다가 풀려난 유대인 수학자였는데, 그 사람도 생각을 정리하고 싶어했다. 국제수학자대회는 개최되어야 하는가 아닌가? 독재 정부는 대회를 반드시 성사시키고 싶어했다. 국제수학자대회

를 개최한다는 것은 폴란드가 정상화되었다는 것을 알리는 고부가가치의 사건이었기 때문이다. 결국 행사는 예정보다 늦은 1983년에 열리게 되었다. 우리가 받았던 목록에 적힌 150명의 수학자 중 149명이 풀려났다. 150번째 수학자는 크리스토프 술레(Christophe Soulé)와 내가 대회가 끝난 뒤 풀려나게끔 손을 썼다. 그렇게 모든 일이 해결되고 우리는 비행기에 다시 올랐다. 좌석에 앉으려다 보

니 봉투가 하나 놓여 있었다. 곧바로 가방에 넣고 파리에 도착해서야 봉투를 열어보았다. 편지에는 "모든 게 감사합니다"라고 쓰여 있었고, 그 밑으로 폴란드 노동조합인 솔리다르노시치에서 활동하는 유명한 인물들의 서명이 이어졌다.

그 시절 장 디외도네(Jean Dieudonné)도 전면에 나설 때가 많았다. 우파였던 그는 그런 사실을 숨기지도 않았고, 따라서 공산주의 지도자들을 비난하는 것도 당연한 일이었다. 그러나 호세 루이스 마세라(Jose Luis Massera) 석방을 위해 몬테네그로까지 한걸음에 달려가기도 했다. 거구의 우루과이 국방장관과 담판을 지은 뒤였다. "문명국가라면 이런 짓을 저지르지 않습니다!"

기가 막힌 논리였다. 문명이라는 말이 결정적이었던 것이다. 나는 수학이 문명의 구성요소라고 확신하고 있으며, 수학이 없다면 문명도 없다고까지 생각한다. 앞에서도 말했듯이 수학이 다소 자폐적 측면을 갖는 활동인 것은 사실이다. 그러나 종이와 연필을 가지고 이루어지는 수학 활동은 한 단계에 불과하다. 로제 고드망(Roger Godement)은 우리를 문과대학으로 보내야 한다고 농담 삼아 말한 적이 있다. 다행히 농담일 뿐이었다. 도구가 없는 수학자들은 도구를 만들어내기를 멈추지 않는다. 또 수학자들을 피해 달아나는 도구들은 기하학에서 천문학까지 사회 전반에 확산된다. 덧셈 뺄셈을 하는 나의 손녀들은 자연스럽게 전달된 문명의 타고난 재능처럼 덧셈 뺄셈을 체득한다. 수학의 극치는 사람들이 수학을 하고 있는지조차 의식하지 못할 때 도달하는 지점이며, 수학자의 진정한 야망은 수학이 모든 사람의 소유가 되는 것이다.

피에르 카르티에

알리 샴세딘(Ali Chamseddine)
베이루트아메리칸 대학

남과 북

지난 20년간 나는 유럽, 미국, 그리고 개발도상국에서 활동하면서 북반구의 동료들이 누리는 수준으로 지식을 발전시키는 데 기여하는 수학자들이 치러야 할 대가는 무엇인가에 대한 물음을 늘 간직해왔다. 시간이 지나면서 알게 된 사실은 개발도상국의 가장 뛰어난 인재들이 유럽과 미국에서 대학을 다니고, 그들 중 절반 이상이 고향으로 돌아가지 않아 두뇌유출에 한몫한다는 것이다. 나머지 중 일부는 의욕이 고취되어 고향으로 돌아간다. 그러나 몇 년이 채 지나지 않아 연구는 저지되고 만다. 능력이 있으니 고등학교에서 수학을 가르치기 시작하고, 가르친 학생 중 최우수 인재들은 외국에 나가서 공부를 계속한다. 이렇게 악순환의 고리는 좀처럼 끊을 수 없다.

빈곤과 보건 문제로 골머리를 앓는 개발도상국 정부는 연구를 할 여유도 없고 투자를 해야겠다는 생각도 없다. 가난한 나라에서 태어나서 능력을 발휘하지 못하는 천재들이 얼마나 많으며, 그로 인한 손실은 또 얼마나 될까 하는 생각이 들지 않을 수 없다. 우리는 기회가 균등하게 주어진다면 인류 전체가 과학 발전에 기여할 수 있다는 것을 알고 있다.

연구소를 지원해야 한다는 생각은 고대 사회로 거슬러 올라가는데, 그것은 수학과 그 밖에 다른 과학의 발전에 매우 중요한 역할을 했다. 기원전 3세기 초에 프톨레마이오스 2세가 설립한 알렉산드리아 도서관은 그 뒤로 수백 년 동안 지식의 등대가 되었다. 또 연구소 역할도 해서 유클리드나 아르키메데스, 페르게의 아폴로니우스 같은 수학자들을 받아들였다. 동방에서 벌어진 또 다른 중대 사건은 칼리프 하룬 알라시드가 7세기에 지혜의 집을 세운 것이다. 그의 아들 알마으문은 콰리즈미, 바누 무사 형제, 사비트 이븐 쿠라 등 많은 수학자들을 지원했다. 수학자들은 그리스 수학을 번역했을 뿐만 아니라 대수학과 같이 그들이 발견한 것도 첨가했다. 이렇게 중요한 역사적 결정이 없었다면 문명은 지금과 같은 발전을 이룰 수 없었을 것이다. 19세기에 괴팅겐 수학연구소와 같은 연구소

들이 있었기에 가우스, 리만, 디리클레, 힐베르트, 바일을 비롯한 많은 수학자들이 탄생할 수 있었고, 수학이 놀라운 발전을 이루도록 길을 열어줄 수 있었던 것이다. 현대 사회는 과학과 수학에 투자해야 문명이 앞으로 나아갈 수 있는 수단을 갖춘다는 점에 이의를 달지 않는다.

또 재능이란 키워주지 않으면 꽃필 수 없는 것이라는 점도 충분히 증명되었다. 따라서 풍요를 누리는 사회는 개발도상국을 도와 재능 있는 인재를 가려내고 양성하며 그들에게 문명의 발전에 기여할 수 있는 수단을 제공해야 할 도덕적 의무가 있다. 인도의 수학자 스리니바사 라마누잔(Srinivasa Ramanujan)은 천재의 진가를 알아보지 못하는 일이 얼마나 쉬운지 보여주는 대표적인 예다. 나는

개발도상국에 놀라운 재능을 가진 인재들이 굉장히 많지만 빈곤과 질병으로 말미암아 그 재능을 영영 발휘하지 못하고 있다고 확신한다.

정부가 기초연구에 투자하고 거둬들이는 비용이 천문학적이라는 것은 간단한 계산으로도 알 수 있다. 과학적 발견으로 얻을 수 있는 이익에서 아주 적은 부분이라도 투자를 한다면 오랜 기간 동안 수학자들과 그 밖에 다른 분야의 연구자들이 연구에 몰두할 수 있을 것이다. 산업화된 세계뿐만 아니라 저개발된 세계에서도 연구에 투자하는 것이 미래에 가장 좋은 내기를 거는 것임을 정치인들이 충분히 인지하기만을 바랄 뿐이다.

알리 샴세딘

크리스토프 브뢰유(Christophe Breuil)
프랑스 국립과학연구원
프랑스 고등과학연구소
다르즐로스 상

특혜

프랑스 고등과학연구소는 에콜폴리테크니크와 오르세 대학에 이어 2002년 9월, 세 번째로 나를 받아준 수학 교육기관이다. 그곳의 의미는 남다르다. 내가 근무하는 국립과학연구원이 처음으로 나를 파견한 곳이었고, 나만의 연구소라는 공간을 처음 가져보는 특혜를 누린 곳이기도 했다. 또 무엇보다 처음으로 국제적 교류의 장에 빠져든 곳이었다.

고등과학연구소는 방문학자에게 아무것도 요구하지 않는다. 강의도 행정업무도 맡기는 법이 없고, 심지어 연구 실적을 강요하지도 않는다(적어도 단기간에는). 방문학자나 박사후연구원 선발 때문에 '가끔' 보고서를 주문하는 것이 고작이다. 단독으로 그리고(혹은) 다른 방문학자들과의 적극적인 협력을 통해 자유로운 연구와 사고가 전적으로 보장되는 지구상의 외딴섬과 같은 곳이다. 시끌벅적한 외부세계와 단절된 평화의 항구인 셈이다. 연구소 내 연구평의회(Conseil scientifique)의 지지 덕분에 5년 동안 로랑 라포르그(Laurent Lafforgue)와 나는 이곳에서 앞으로 오랫동안 함께 일하게 될 열다섯 명

이상의 연구자들을 만났을 뿐만 아니라 파리 지역의 여러 단체들과 공동 세미나를 기획할 수 있었다. 국립과학연구원의 연구자라는 신분 덕분에 '랭글란즈 p진 프로그램'에 관한 연구를 순조롭게 진행시킬 수 있었다. 독자들을 위해 '랭글란즈 p진 프로그램'이 무엇인지는 생략하겠다.

고등과학연구소는 그저 수학이나 물리학, 생물학을 연구하는 기관이 아니다. 그곳은 교양, 그리고 과학뿐만이 아닌 포괄적 의미의 지식을 추구하는 곳이다. 교양을 멸시하고 제대로 갖추고 있지 못하면 금세 시대에 뒤쳐지고 만다. 또 쌓기 힘든 지식은 자꾸 숨으려고만 들고 소수의 엘리트 집단이 독점하는 허영처럼 보인다.

내게는 칠판 앞에서, 점심 테이블에 둘러앉아서, 혹은 커피를 마시면서 학문에 관한 것이든 아니든 헤아릴 수 없이 많은 이야기를 나눈 추억이 쌓였다. 대화는 늘 흥미로웠지만 그렇다고 손쉬운 주제는 아니었다. 우리는(과학은 두말할 필요 없이) 철학, 역사, 문학, 정치, 종교, 교육, 음악 등 다양한 주제들에 접근했다. 내가 그곳에서 만났던 각국의 수학자, 물리학자, 이론생물학자들은 각자의 연구에 전력을 다했다. 그들은 조용하지만 훌륭한, 거기에 뛰어난 교양까지 겸비한 학자들이었다. 말이 없지만 개방적이고, 비판적이지만 아량이 넓은 사람들이었다. 러시아, 중국, 인도, 미국, 아프리카, 유럽 등지에서 온 연구자들이 고등과학연구소의 얼굴을 만들어가고 있었다. 그곳은 가장 진보된 과학 이론 연구가 완성되는 곳이자 때로는 환멸을 느끼더라도 현대 사회에 대한 인본주의와 관용주의에 바탕을 둔 세계관이 형성되는 곳이다. 그것은 지식의 발견이 궁극적 목적이 되는 세계관이다.

몇 주 뒤면 나는 오랜 해외생활을 떠난다. 떠나기 전에 나는 가방 속에 고등과학연구소에서 보낸 수천 시간의 고찰, 수십 개의 잘못 짚은 단서들, 수학적 발견 몇 개, 그리고 수백 개의 훌륭한 대화를 챙겨넣었다. 그것은 마르지 않는 보물과 같은 것이기 때문이다. 그리고 무엇보다 내가 만난 모든 연구자들에 대한 기억도 잊지 않는다. 나를 비롯해서 그들은 (과학적) 진리의 탐구를 특혜로 여기고 인류가 이루어내야 할 가장 숭고한 업적이라 생각하는 사람들이다.

크리스토프 브뢰유

$$\boxed{\left(c\text{-}\mathrm{Ind}_{K_2}^{G}\sigma\right)\big/(T)}$$

$\sigma \begin{array}{c} I^{(1)} \\ \supset \chi \\ I \end{array} \qquad \chi^s = \chi(wgw)$

$\chi > \chi^s \quad (\sigma, \sigma^s) \qquad \chi \neq \chi^s \quad \subset^s \text{ l'image} \qquad g \in I$

$w = \begin{pmatrix} 0 & 1 \\ 1 & 0 \end{pmatrix}$

$\underline{\pi \text{ irréductible}}: \qquad 0 \neq \pi' \subseteq \pi \qquad \text{sous } G\text{-représentation.} \qquad \left(\dfrac{D_0}{D_1}\right)$

$0 \neq soc_k(\pi') \subseteq soc_k(\pi) = soc_k(D_0)$

$\Rightarrow \pi' \cap D_0 \neq 0$

comme $\left(\begin{array}{l} D_0 \text{ est irréductible} \\ D_1 \end{array}\right.$

$\left(\begin{array}{l} \pi' \cap D_0 \neq 0 \\ \quad \uparrow \\ \pi' \cap D_1 = (\pi' \cap D_0)^{I^{(1)}} \\ \Rightarrow \pi' \cap D_0 = D_0 \Rightarrow soc_k(\pi') = soc_k(D_0) \\ \qquad\qquad\qquad\qquad\quad = soc_k(\pi) \\ \Rightarrow \boxed{\pi' = \pi} \end{array}\right)$

$\underline{\pi \text{ supersingulière}}: \qquad \text{Si } soc_k(D_0) \text{ a } 2 \text{ facteurs de J H}$

calculons $\pi^{I^{(1)}}$ contient un ... de Hecke (par l'algèbre de Hecke de $I^{(1)}$)

M. F. Vignéras

로랑 베르제(Laurent Berger)
프랑스 국립과학연구원
프랑스 고등과학연구소
리옹 고등사범학교

수학자들은 무슨 일을 하는가?

수학을 하는 방법에는 여러 가지가 있다. 그중 하나가 이미 잘 알려진 문제, 미지세계 탐험에 나선 수학자들에게 따돌림을 받은 유명한 논제를 풀려고 덤비는 것이다. 여기에서는 그렇게 수학하는 방법에 대한 얘기를 꺼내볼까 한다. 이런 방법에 관심이 없는 수학자들은 그들이 정립한 이론의 증명을 다른 수학자들에게 맡겨버린다. 유명한 문제를 풀면 이론을 막다른 골목에서 구해주고 더 풍요롭게 만든다. 그러나 문제를 풀어낸 최초의 수학자가 되고 싶다는 바람, 어려운 문제를 풀었다는 쾌감, 그때까지 별개였던 여러 측면들이 사실은 밀접한 관련이 있었음을 깨닫게 되었을 때 느끼는 만족감 등 수학자가 문제에 덤벼들게 되는 동인은 훨씬 더 현실적이다.

문제를 푼다는 것은 일반적으로 결과를 증명하는 것이다. 다시 말하면 왜 그 결과가 참인지 철저하고 분명하게 설명해야 한다. 예를 들어보자. 삼각형을 그리고 각 꼭짓점을 A, B, C라고 한다. 선분 AB, BC, CA에서 출발하는 수직이등분선을 긋는다

(한 선분의 수직이등분선은 선분과 직각을 이루며 선분의 중점을 지난다). 지시한 대로 그렸다면 세 개의 수직이등분선이 한 점에서 만날 것이다. 이렇게 해서 삼각형의 수직이등분선은 한 점에서 만난다고 가정할 수 있다(여러분 중 몇몇은 고등학교 수학시간이 생각날 것이다). 이것을 어떻게 증명할 수 있을까? 대수학으로 할 수 있다. 삼각형의 세 꼭짓점에 좌표를 각각 부여한 다음 수직이등분선의 방정식을 계산하고, 세 방정식의 값이 같다는 것을 증명하면 된다. 이것은 100퍼센트 유효한 증명 방식이다. 여러분이 계산을 자세히 풀어 써놓고 다른 친구들이 돌아가면서 실제로 한 줄 한 줄 계산을 다시 해보면 가설이 참인 것을 확인할 것이다. 이 과정은 수학의 한 측면을 보여주기도 한다. 증명은 설명이 아니다. 계산해놓은 것을 눈으로만 보고 한 줄 한 줄 따라가면 왜 답이 맞는지 이해하지 못할 가능성이 크다.

다음 증명 방식은 좀 더 명확하다. 수직이등분선이 왜 특별한 직선인지 이해시키기 때문이다. 선

분 AB의 수직이등분선은 꼭짓점 A와 B에서 동일한 거리에 있는 점들을 이은 선이다. 우리가 그린 삼각형에서 선분 AB와 BC에서 출발한 두 개의 수직이등분선은 점 P에서 만난다. 점 P는 꼭짓점 A와 B에서 동일한 거리에 위치하며(첫 번째 수직이등분선 위에 있으므로) B와 C에서도 동일한 거리에 위치한다(두 번째 수직이등분선 위에 있으므로). 따라서 C와 A에서도 동일한 거리에 위치한다. 그렇다면 점 P는 세 번째 수직이등분선 위에 위치하게 되므로 세 개의 수직이등분선은 결국 한 점에서 만나게 된다. 이렇게 보는 각도만 달라져도 문제는 훨씬 더 간단하게 보이는 법이다.

그렇다면 이제는 그 누구도 풀지 못한 문제를 예로 들어보자. 1과 같거나 큰 자연수 n이 있다. n이 짝수라면 2로 나누고, n이 홀수라면 3을 곱한 다음 1을 더한다(3n+1). 예를 들어 n이 13이라면 40, 20, 10, 5, 16, 8, 4, 2, 1을 차례로 얻는다. 여기에서 중요한 문제는 처음에 출발한 수가 무엇이든 간에 마지막에 가서는 결국 1을 얻는다는 것이다. 위키피디아에는 "냉전이 한창이던 1960년대에 많은 수학자들이 이 문제에 매달리는 바람에 소련이 미국의 연구를 늦추려고 꾸민 음모라는 농담까지 유행할 정도였다"는 설명이 되어 있다. 잘 풀어보시길!

풀리지 않는 문제에 부딪히는 것은 벽을 마주하는 것과 같다. 그러면 우리는 벽 여러 군데를 두드려보고 혹시 약한 곳이 있지 않나, 돌이 어긋난 곳이 있지 않나 살펴보기 시작한다. 하지만 벽이 꿈쩍 하지 않을 때가 많다. 그때부터 많은 수학자들이 경험하는 오랜 불확실과 불확정의 시간이 시작된다. 그동안 수학자는 가지고 있는 도구와 알고 있는 방법을 모두 동원해서 상황을 파악하려고 노력한다. 이 과정이 꽤 기운 빠지게 만들기 때문에 동시에 여러 문제를 다루는 것이 더 좋다(한 문제가 다른 문제를 해결해줄 때가 많으므로). 또 동료들과 문제를 상의하고 의견을 교환해서 과로를 막을 필요가 있다. 꽤 긴 시간(며칠, 몇 주, 혹은 몇 달)이 지나고 나면 앞으로 나아가게 된다. 예를 들어 개별적 사례가 전반적인 문제를 잘 보여주는 대표 예가 될 수도 있고, 전체 문제를 여러 사례로 나누었을 때 몇몇 사례만 다루어도 문제가 풀릴 수 있다. 또 전반적인 상황을 잘 이해하지 못한 상태에서 대략의 계산만으로도 올바른 답을 얻을 때가 있다. 벽의 허점을 발견했다면 그때부터 제대로 벽을 공격할 수 있고, 앞으로 나아갈수록 더 많은 벽을 허물 수 있는 것이다.

그때부터 두 번째 단계가 시작된다. 이 단계에서는 대충 무엇을 해야 하는지 감이 잡힌다. 찾아낸 해답을 정리하고 자세한 내용을 점검해야 한다. 결과 증명을 어떻게 할 것인지 머릿속에 대략적으로 그려진다 해도 그것을 써서 정리하는 단계에서 뜻밖의 암초에 부딪힐 수 있다. 지름길인 줄 알았던 것이 사실은 함정이었고, 어떤 중간 결과는 그리 중요하지 않은 것이었음을 깨닫게 되는 것이다. 그것은 마치 물을 가득 채운 공의 구멍을 막는 것과 같다. 구멍 하나를 겨우 막고 나면 다른 구멍에서 물이 줄줄 새기 시작한다. 그러다가 구멍이 커지면 다시 첫 단계로 되돌아갈 수밖에 없다. 그러나 구멍을 다 막으면 그때부터는 유유히 마무리를 할 수 있다. 문제에 가장 우아하게 답할 수 있기 때문이다. 이렇게 해서 가설 증명이 끝난다.

　보다시피 수학자들이 일하는 방식은 이렇다. 그렇다면 수학 공동체는 무엇을 하는가? 수학자의 연구 목적은 수학 현상을 이해한 다음 올바른 관점을 찾고 알고 있는 지식을 총동원하여 종합하는 것이다. 매년 수학자들이 완성하는 수천 개의 증명은 참의 경계를 긋고 그것을 앞당기는 데 이용된다. 적절한 거리를 두면 참을 완전하게 설명할 수 있고 수학적 지식에 포함할 수 있게 된다. 이 작업에서 수학자 개개인이 차지하는 몫은 매우 크다.

로랑 베르제

마틸드 랄랭(Matilde Lalin)
앨버타 대학

프랙탈리타스

수학은 몇 가지 차이점만 빼면 보물찾기와 같다. 우선 끝나는 법이 없다. 보물을 찾는 것보다 수학 문제의 답을 찾았을 때 느끼는 전율이 더 클지도 모르겠다. 또 수학에서 찾을 수 있는 보물은 그 수가 무한대인 데다가 각각의 보물에는 다른 보물을 찾을 수 있는 단서가 숨어 있다. 수학을 가장 잘 설명할 수 있는 말은 프랙탈한 보물찾기가 아닐까.

마틸드 랄랭

요르겐 요스트(Jurgen Jost)
막스 플랑크 수학연구소
라이프니츠 상

수학, 생물학, 그리고 신경생물학

심오한 상호작용

물리학과 수학의 상호작용은 두 학문의 오랜 역사 내내 매우 풍요롭게 이루어졌다. 수학이 물리학에 개념적 근거와 형식적 방법론을 제공했다면, 물리학은 수학에 매우 풍부한 문제와 영감의 원천이 되었다. 뉴턴역학이 미적분과 오일러의 변분법을 발달시켰다면, 리만기하학은 일반상대성이론의 근간을 이루었다. 좀 더 최근에는 끈이론이 순수수학에 심오한 반향을 불러일으켰다. 다른 학문들도 수학의 분석 방법, 수치 해석, 통계 방법을 이용해서 녹록치 않은 응용수학 문제들을 제안하긴 하지만 물리학과의 상호작용처럼 심오하지는 않다.

그러나 변화의 조짐이 보이고 있다. 주인공은 바로 획기적인 실험의 성과와 엄청난 양의 새로운 데이터로 무장한 생물학과 신경생물학이다. 그것은 한편으로는 기존의 개념과 형식적 방법론으로는 이해할 수 없는 데이터가 등장했고, 다른 한편으로는 유기체의 완벽한 이해를 최초로 실현할 수 있는 가능성이 대두되었기 때문이다. 이는 수학의 모든

분야에 영향을 미칠 역사적 기회다. 대수학은 생물학적이고 인식론적 체계를 조직하는 데 중심이 되는 유전자나 정보 같은 이산적 구조를 규명하고 체계화하고 분석할 수 있다. 그 밖에도 현존하는 엄청난 양의 생물학적 데이터와 신경생물학적 데이터를 바탕으로 하위구조들을 발견할 수 있다. 기하학의 개념들은 생물학적 체계의 공간적 조직을 탐험하는 데 도움을 주고 추상적 공간에서 다차원적 관계를 수립할 수 있다. 그런가 하면 수학적 분석으로 세포나 신경망의 결정론적이고 우발적인 역학을 연구하고 이를 모형화하거나 시뮬레이션할 수 있다.

프랑스 고등과학연구소는 지난 50년간 순수수학의 발전에 결정적인 역할을 했다. 수학의 거의 모든 분야를 두루 섭렵하면서 독보적인 노하우를 쌓아온 고등과학연구소는 생물학적 인지 체계에 대한 연구가 유발하는 새로운 방향 전환을 할 수 있을 것이다.

요르겐 요스트

헨리 터크웰(Henry Tuckwell)
막스 플랑크 수학연구소

뉴런 수학자

대학에서 공부를 할 때였다. 나는 수리물리학을 계속할 것인가, 아니면 시카고 대학에서 수리생물학 박사학위를 마칠 것인가 하는 선택의 기로에 서 있었다. 그때는 이론을 잘한다고 생각하는 사람은 누구나 물리학 아니면 수학을 택하던 시절이었다. 그러나 이공계 정규 교과과정 외에도 철학과 특히 심리학 수업까지 들었던 나는 신경과학에 관심이 갔다. 뉴런은 뉴트런보다 인간의 행동과 더 밀접한 관련이 있어 보였다. 그리고 니콜라스 라셰프스키(Nicolas Rashevsky)가《수학연구학술지(Bulletin of Mathematical Studies)》를 창간한 것을 알고 나는 그가 미국에서 최초로 수리생물학 강의를 개설한 시카고 대학에 등록하기로 결심을 굳혔다. 오스트레일리아에서 나를 지도해주던 수리물리학 교수들은 행운을 빈다고 말하면서도 회의적 반응을 숨기지 않았다(그랬던 분들이 나중에 이론신경생물학 연구로 전향했다니 놀라지 않을 수 없었다).

그렇게 해서 나는 시카고로 향했다. 하지만 시카고에 도착하자마자 러시아 이민자였던 라셰프스키가 정치적으로 올바르지 않은 태도를 보여 제명당했다는 소식을 접했다. 확률에 관한 첫 수업은 패트릭 빌링슬리(Patrick Billingsly) 교수가 담당했다. 그는 참 유쾌한 사람이어서 그가 점잖은 대학교수라는 사실을 믿기 힘들 정도였다. 두 마디마다 한 번씩 "오케이?"를 연발했으니 말이다. 나는 나중에야 그가 약한 수렴에 관한 아주 중요한 책을 쓴 사람이라는 것을 알게 되었다. 그렇게 해서 나는 확률과정에 관심을 갖게 되었고 이토 기요시(Ito Kiyoshi), 안드레이 콜모고로프(Andrei Kolmogorov), 그 밖에 다른 러시아 확률론 연구자들의 연구에 빠져들었다.

1960년대 이전에 생물학에서 차지하던 수학의 위상은 단 몇 문단으로 설명이 가능하다. 300년 동안 존재했던 이론물리학에서는 모든 선형 문제에는 적어도 이론상으로는 답이 있어야 한다고 본다. 그러나 생물학은 대부분 그에 동조하지 않고 기초 수학 이상의 수학을 동원할 것을 요구하는 이론적 접근 방식이 많다. 인구에 대한 이론생물학의 시초

는 1797년 급속한 인구 증가와 과잉 인구로 인한 지구의 종말을 예견한 맬서스의 인구론일 것이다. 골턴과 왓슨이 분지과정을 도입한 것은 1873년이었다. 수리유전학의 큰 발전은 슈얼 라이트(Sewell Wright)와 로널드 피셔(Ronald Fischer)가 다윈의 이론을 수학적 형태로 전환시킨 20세기 초에 시작되었다. 다윈이 수학적 개념이 모자라다는 것을 아쉬워했다고 언젠가 읽은 적이 있다. 응용수학을 무시

했던 고드프리 하디(Godfrey Hardy)는 유전자 풀에 대한 하디-바인베르크 평형이론으로 유명세를 얻은 게 아마 크게 실망스러웠을 것이다. 그러나 그의 이론을 유전학에서 뉴턴의 법칙에 버금가는 이론으로 평가하는 사람들도 있다. 분지(확률)과정은 이미 1930년대에 라이트가 사용한 바 있고, 한참 뒤에야 이토, 콜모고로프, 켈러 등이 본격적으로 다루었다. 마찬가지로 피셔도 1937년에 편도함수

책이 있었기에 프랜시스 크릭(Francis Crick)과 제임스 듀이 왓슨(James Dewey Watson)이 DNA의 역할을 발견할 수 있었다고 말한다. 뇌과학에서도 뛰어난 수학자인 노버트 위너(Nobert Wiener)가 사이버네틱스 분야에서 선구자적 업적을 남겼고, 존 폰 노이만(John Von Neumann)도 많은 기여를 했다.

1980년 나는 로스앤젤레스 캘리포니아 대학(UCLA)에서 이론생물학 강의를 했는데, 그 강의록이 두 권으로 케임브리지에서 출판되었다. 당시에는 출판의 유용성을 잘 몰랐는데 15년이 지난 뒤 보니 세계 전역에서 널리 사용되고 있었다. 강의를 위한 자료를 찾던 도중에 나는 루이 라피크(Louis Lapicaue)가 1907년에 일상적으로 사용되는 뉴런 모델을 생각했다는 것을 알게 되었다. 이 주제는 그 이후로 많이 다루어졌다. 물리학자들은 1982년 존 홉필드(John Hopfield)가 단순하면서도 강력한 신경망 모델을 선보이자 이 분야에 열정적으로 뛰어들었다. 컴퓨터과학자들도 뇌와 인공지능에 대한 연구에 대거 참여했다. 개중에는 전염병 연구를 위한 한 나라의 국민 개개인을 모두 포함한 국가 전체를 모델화한 연구자들처럼 각 뉴런을 포함하는 뇌 전체를 모델화한 사람들도 있다. 미국과학진흥협회(AAAS)가 최근 조사한 바에 따르면 "생물 체계의 양적 연구를 수행할 기회가 폭발적으로 증가했다." 21세기 말과 그 이후에 상황이 어떻게 전개될지 인정하고 꿈꿀 수밖에 없을 것이다.

헨리 터크웰

방정식으로 유전자의 분산을 나타냈다. 그러나 수학자들이 반응확산계를 제대로 연구하기 시작한 것은 그로부터 한참 지난 뒤의 일이다. 수리생물학 분야에서 선구적인 연구들은 또 있다. 로트카-볼테라 방정식, 전염병에 관한 윌리엄 컬맥(William Kermack)과 앤더스 맥켄드릭(Anderson McKendrick)의 논문들, 1952년 앨런 튜링(Allen Turing)의 형태형성 모델 등이 그것이다. 슈뢰딩거도 그의 강의와 유전자의 분자 개념을 제안했던 『생명이란 무엇인가』 덕분에 1944년 무대에 등장했다. 사람들은 이

"우리는 꿈꿀 수밖에 없다." 그러나 이제는 기계가 꿈의 형식과 재료를 모델화하는 데 큰 도움을 준다. 수학자에게 컴퓨터를 줘보라. 재빨리 컴퓨터를 닻처럼 사용해서 돌격에 나설 것이다. 물리학과 생물학도 마찬가지다. 수학자들을 피아노 앞에 앉히는 것도 나쁠 게 없다. 두 수학자는 10년 전에 딱 한 번 함께 연주를 해보았을 뿐이다. 지금 악보대 위에는 브란덴부르크 협주곡의 피아노 듀오를 위한 편곡 악보가 놓여 있다. 꽤 빡빡했던 강연 일정을 마치고 그들은 두 시간 동안 암호를 풀었다.

카티아 콘새니(Katia Consani)
존스 홉킨스 대학

해독자들

이 책의 원제 "해독자들(Les déchiffreurs)"은 수학자를 간단하면서도 효과적으로 표현한 말이다. 그렇다면 일생 수학의 비밀을 푸는 데 지력을 바치는 이유를 조금 더 정교하게 설명하는 것은 수학자들 자신의 몫이다. 예를 들어 인간의 정신이 다른 예술이나 과학보다 수학을 우위에 둔다는 사실이 놀라울 수 있기 때문이다. 물론 수학자마다 이유가 있을 것이고 각자 걸어온 길이 다를 것이다. 어린 시절이나 청소년기에 수학자가 되겠다고 선택했을 때에는 지적인 가정 분위기가 원인이거나 학교에서 처음 수학을 접했을 때 그것이 지적이고 신선한 경험이기 때문이었을 것이다. 혹은 지적 교류를 나눌 수 있었던 친구들 덕분일지도 모른다.

그런 질문들을 다르게 생각해볼 수도 있겠다. 왜 어떤 사람들은 수학적 논리를 훨씬 더 잘 이해하는가? 그것을 조금 더 비유적으로 표현해보자. 왜 어떤 사람들은 수학에 '귀를 기울일 수 있는' 특별한 감각을 가지고 있는가? 사람들은 수학에 대한 감각을 잘 이해하지 못할 때가 많다. 음악에 귀를 기울인다고 하면 더 잘 수용하면서 말이다. 어쨌든 수학과 음악은 서로 깊게 관련되어 있고 그것을 모르는 사람은 없을 것이다. 그에 대해서는 고대 그리스 시대까지 거슬러 올라갈 수 있다. 그리스 사람들은 화성과 수에 동시에 매료되었다. 수학자들 중에 음악 감각이 탁월한 사람들이 꽤 많다. 악기를 수준급으로 연주하는 사람들도 있고 방대한 음악 이론을 가지고 있는 사람들도 있다. 수학과 음악은 떼려야 뗄 수 없는 사이다. 두 분야 모두 구조에 관한 학문이고 애초에 제시된 것에서 새로운 모델을 만들어내야 하기 때문이다.

수학에서 우리는 다수의 가능성에 추상적 조직을 부여하는 이론을 만들어낸다. 새로운 구조를 만들어내려는 노력이 그 뒤에 여태껏 본 적이 없는 숨어 있던 새로운 관계를 발견하고 그 관계의 본질적 규칙성을 깨닫거나 혹은 다른 방향으로 나아갈 수 있는 새로운 관계를 또다시 뜻밖에 발견하는 대가를 얻게 되면 그것을 수학자들끼리는 아름다움이라고 말한다. 예술적 창작의 감각은 작곡가와 수

학자의 공통점이다. 예상 밖의 요소들을 내포할 때가 많은 예술적 창작에는 좌절과 실망의 순간이 있는가 하면 강렬함과 행복감을 느끼는 순간도 있다. 그것이 모든 예술적 혹은 과학적 창작이 갖는 위험이며, 그 위험은 합리적 질서를 찾으려는 수학에도 존재한다.

'해독자'라는 말이 아마 많은 수학자들의 마음에 들지 않을까 싶다. 그 말이 우리가 책상 앞에 홀로 앉아 있든, 혹은 학술대회에서 결과를 발표하든, 또는 연구소에서 어떤 이론에 관한 우리의 가장 최근 생각을 동료들과 나누든, 수학적 창작과정 매순간에 함께하는 정신적 긴장감과 이해의 노력을 암시하고 있기 때문이다.

카티아 콘새니

오스카 랜포드(Oscar Lanford)
스위스취리히연방 공과 대학

기계
만세

모든 것은 내가 기계를 사랑한 데서 출발했다. 복잡한 명령을 내리면 명령받은 작업은 무엇이든 수행할 수 있는 정교한 로봇을 갖고 싶다는 단순한 생각에 나는 매료되었다. 요즘은 일상이 되어버렸지만, 처음에 그것은 기적과 같았다.

1963년 나는 아직 학생이었고 캘리포니아에 있는 로렌스 리버모어 국립연구소에 장학금을 받고 다니고 있었다. 내가 컴퓨터를 처음 알게 된 것도 바로 그때다. 쉬운 것은 없었다. 우선 기계를 사용할 권한이 있는 사람이 몇 안 되었다. 또 프로그램을 만들고 싶으면 먼저 프로그램을 종이에 손으로 일일이 적어야 했다. 그 종이를 담당자에게 주면 담당자가 천공카드를 만들었고 그 천공카드를 기계에 넣어 읽히는 식이었다. 그 기계는 아마 최초의 트랜지스터 컴퓨터였을 것이다(트랜지스터 컴퓨터가 개발되기 전에는 진공관을 이용했기 때문에 몇 시간 사용하면 뜨거워져서 타버리기 일쑤였다). 기계 한 대 값만 해도 수백만 달러였고 엄선된 몇몇 연구자들만 사용할 수 있었다. 나는 컴퓨터에 완전히 빠져버렸다. 아침 여덟 시에 집을 나가 밤 열한 시나 되어야 돌아오는 나를 아내는 원망했을 것이다. 하지만 내가 관심을 갖던 문제들은 컴퓨터와 잘 맞지 않았기 때문에 나는 결국 포기하고 말았다.

그러나 열정은 여전히 남아 있었다. 1970년대 이후 나의 수학은 컴퓨터와 연결되었다. 어떻게 보면 바로 이곳, 프랑스 고등과학연구소에서 모든 것

이 시작되었다고 할 수 있다. 루이 미셸이 당시로서는 프로그램까지 가능한 PC를 연구원이 구입하도록 했기 때문이다. 그것은 일대 혁명이었다. 그때까지는 정보과학을 제대로 해보겠다고 마음을 먹어도 거대한 컴퓨터들을 모아놓은 센터를 거치지 않을 수 없었다. 센터에 간다 한들 컴퓨터를 직접 사용할 수도 없었고 대기자 수도 아주 많았다. 그렇다 보니 베이직 언어로 직접 명령을 내릴 수 있는 작은 개인용 컴퓨터의 출현은 그야말로 기적이었다. 나는 자전거와 사람의 몸이 갖는 관계와 마찬가지로 컴퓨터가 사람의 뇌를 도와 잠재성을 증폭시킬 수 있는 장치라고 확신했다. 또 자전거와 마찬가지로 개인용 컴퓨터는 사람의 몸에 알맞은 크기가 되었다. 지금도 거대한 슈퍼컴퓨터에는 왠지 거부감이 느껴진다. 당시 나는 버클리 대학에도 다니고 있었는데, 대학에서 수학과 정보과학을 위한 새 건물을 짓고 있었다. 건축 분야에서는 늘 그렇듯 돈이 남아돌았고, 덕분에 강력한 쌍방향성 소형 컴퓨터를 구입할 수 있었다. 프랑스 고등과학연구소에 있던 휴렛팩커드 컴퓨터와 비교했을 때 장점도 있고 단점도 있었던 그 컴퓨터가 나의 미래를 결정한 두 번째 원인이었다.

1970년대 초에 다비드 뤼엘(David Ruelle)은 고등과학연구소에서 난류와 동역학계 이론을 접목해서 흥미로운 발상을 발전시켰다. 거기에서 만들어진 아주 간단한 모델 몇 개는 컴퓨터로 쉽게 돌려볼 수 있었다. 물론 돌려보지 않아도 그만이었지만 노니 뭐하겠는가! 결정적 순간은 1970년대 말에 찾아왔다. 그 계기는 단순함수의 반복에 적용한 보편성과 재규격화 군에 관한 파이겐바움의 연구였다. 파이겐바움은 서로 다른 유형의 체계에서 나온 수들이 놀랍도록 유사점을 갖는다는 사실에 주목했다. 연구 끝에 그는 동역학계 이론 이해에 큰 발전을 가져왔다. 모든 것은 컴퓨터와 서로 다른 두 체계가 똑같은 수를 만들어낸다는 것을 우연히 발견하게 된 덕분이었다.

요즘은 모든 것이 변했다. 나는 동역학계 이론과 관련된 수치분석에 관한 매우 흥미로운 프로젝트에 다시 빠져 있고, 나날이 강력해지고, 유연해지고, 접근성이 좋아지고, 작아지고, 저렴해질 뿐만 아니라 과학적 목적의 계산 능력을 넘어서 이미지를 통해 모든 커뮤니케이션 분야를 지배하고 있는 컴퓨터와 소프트웨어의 발전을 보고 지금도 어린아이처럼 좋아한다.

그러나 영웅적 시대였던 과거가 그립지 않은 것은 아니다. 지금은 간단한 문제들이 모두 해결된 것 같다는 생각이 든다. 그러나 캐낸 금에 만족하지 말고 항상 더 깊이 금광을 파야 하지 않을까. 기적과 같은 순간에 변화의 흐름을 처음부터 함께했다는 것이 내게는 행운이었다. 현실은 거기에 있었다. 다만 우리가 발견해주기만을 기다리고 있었던 것이다.

오스카 랜포드

위르겐 프뢸리히(Jürg Fröhlich)
스위스취리히연방 공과 대학
막스 플랑크 메달
마르셀 브누아 상
대니 하인만 상
라치스 상

천국 입성

과학자의 삶은 단순함과는 거리가 멀다. 그 데이터를 머릿속에 입력하고 잘되었던 일과 그렇지 않았던 일을 가끔 생각해보는 것도 좋다. 중요한 문제를 연구하는 과학자는 언젠가 한계에 부딪히기 마련이고, 실패하거나 동료에게 아슬아슬하게 밀리거나 혹은 그 반대로 동료의 도움을 받는 경험도 하게 된다. 중요한 것은 그런 경험을 어떻게 맞이하느냐 하는 것이다.

나는 꽤 실력 좋은 학생이었다. 교수님들이 칠판에 적어놓은 내용을 쉽게 이해했고 학급 친구들과 토론도 잘했다. 그래서 나는 늘 속으로 그들만큼 실력은 있는 편이라고 생각했다. 책은 별로 내 관심을 끌지 못했고, 교수님이 문제를 내기만 하면 다른 학생들과 경쟁해서 이겨야겠다는 생각뿐이었다. 그리고 결과도 그럭저럭 괜찮았다. 수업을 준비하거나 새로운 이론을 학생들이 이해할 수 있는 말로 옮겨야 할 때가 되어서 나는 책을 바탕으로 배움을 넓혔다. 내가 예전에 했던 연구들을 보면 내가 학생들을 가르치는 교수가 되지 않았다면 아마 물리학을 제대로 배우지 못했을 것이라는 생각이 든다.

나는 매우 흥미로운 문제들을 연구할 기회를 많이 놓쳤다. 내가 그 문제들을 이해하지 못해서가 아니라 해결할 능력이 없다고 생각했기 때문이다. 그것이 내가 공동 연구를 선호하는 이유 중 하나이기도 하다. 내가 문제에 부딪혔을 때 동료들도 똑같은 어려움에 부딪힐 수 있다는 것을 알면 큰 위안이 된다. 또 그들이 막다른 골목에서 빠져나오는 것을 보면서 안심이 되기도 하고, 적어도 그들만큼은 잘해야겠다는 도전의식을 갖게 되기도 한다. 나는 비어 있는 책상이나 연구실을 잘 견디지 못한다. 그래서 내 연구실은 항상 뒤죽박죽이다. 내가 사무실에서 연구에 몰두하지 않는 것도 그 때문이다. 나는 동료들이나 학생들과 테이블에 둘러앉거나 칠판 앞에 서야 연구를 할 수 있다. 또는 동료들에게 편지를 쓰기도 한다.

나의 직업과 관련된 여러 장소를 떠올려보면 뷔르에 도착한 것은 마치 천국에 입성한 것과 같았다. 우선 프랑스 고등과학연구소에는 훌륭한 동료 연구자들이 있었다. 다비드 뤼엘은 전임교수였고 객원연구원으로는 나와 가장 가까웠던 톰 스펜서(Tom Spencer), 앙리 엡스탱(Henri Epstein), 크쥐시토프 가웨드스키, 엘리엇 리엡(Elliott Lieb), 베리 사이먼(Barry Simon), 데이비드 브리지스(David Brydges), 에르하르트 자일러(Erhard Seiler), 베르피누르 두르후스(Bergfinnur Durhuus), 카를로스 아라거웅 데 카르발오(Carlos Aragao de Carvalho), 세르지오 카라치올로(Sergio Caracciolo), 지금은 과학철학자로 유명한 앨런 소칼(Alan Sokal) 등이 있었다. 나는 그 이전에도 그 이후에도 그때처럼 밝고 우호적인 분위기를 경험하지 못했다. 나는 대부분 내가 하고 싶은 일만 하고 지낼 수 있었다. 다른 사람이 나에게 해야 할 일을 '명령'하는 것을 좋아하지 않았지만 절대적 자유를 누릴 수 있는 환경은 정말 좋은 사람들과 연구할 수 있는 행운이 없었다면 끔찍한 악몽으로 변하고 말았을 것이다. 그들은 내가 뷔르에 머무는 동안 한시도 내게서 눈을 떼지 않았다.

프랑스 고등과학연구소의 마술사들은 수학자들이었다. 피에르 들리뉴와 데니스 설리번(Dennis Sullivan)은 모자 속에서 경이로운 수학을 끄집어낼 수 있는 것 같았다. 심지어 아무것도 없는 데에서도 가능한 것 같았다. 특히 데니스는 마술 같은 재능을 가지고 있었다. 나는 그가 점심을 먹다 말고 초등함수의 일계도함수를 계산하느라 끙끙대는 것을 보았다. 그다음에는 지겨운 계산은 피하고 그가 가진 위상기하학적 직관의 힘에 의지해서 파이

겐바움 상수와 같은 문제를 푸는 방법을 만들기 시작했다. 부르바키와는 전혀 다른 스타일이었던 그의 강의도 무척 좋았다. 그의 증명은 잘 들리지 않는 투덜거림을 동반한 팔의 리드미컬한 움직임으

로 형상화되기도 했다. 알랭 콘과 함께했던 시간도 좋았다. 그때까지만 해도 그가 토론을 하거나 그저 수다를 떨 여유가 있었다. 나는 그의 순환적 상동성 입문 강의를 들었다. 다니엘 카스틀레르(Daniel

Kastler)는 참을성 있게 '알랭의 아이디어'를 나에게 이해시키려 했다. 알랭은 다니엘의 선지자였다. 고등과학연구소의 내 연구실은 작은 세미나실 옆에 있었다. 토요일 아침이면 그 주에 끝냈어야 했던 일을 마치려고 연구실에서 보냈는데, 그럴 때면 그 세미나실에서 르네 톰의 카타스트로피 이론 적용에 대한 강연 소리가 울려퍼졌다. 강연자로는 수학자, 물리학자, 생물학자, 언어학자, 철학자 등이 있었다. 조금은 포스트모던한 그 모임에서 '버릴 것은 없었다'. 강연에 참석은 거의 하지 않았다. 리처드 파인만이 했던 말과 나는 같은 생각이다. "우리가 찾는 것은 철학이 아니라 현실의 행동이다."

　이론적이고 수학적인 물리학은 흥미로운 수학 문제를 풍부하게 담고 있는 원천으로 밝혀졌고, 이미 갈릴레이는 수학에서 자연이라는 책에 쓰인 언어를 엿보았다. 수학자들과 물리학자들의 대화가 전통이 될 때가 왔다. 고등과학연구소에서는 그 대화가 수학자들과 물리학자들 모두에게 유용했다(뤼엘과 설리번은 함께 중요한 연구를 완성했고, 콘과 다무르는 공동 논문을 발표했다. 콘은 크라이머와 함께 일했고 지금은 샴세딘과 함께 연구 중이다).

　수리물리학이 힘을 발휘하는 시기가 둘 있다. 우선 자연의 새로운 법칙을 발견하는 데 진전이 없어서 이전 세대가 발견한 것을 견고히 하고 기존의 개념적, 이론적 틀 속에서 '창발적 현상'을 연구할 시간을 가질 수 있을 때다. 그러한 시도는 본질적으로 수학적인 경향이 있다. 해밀턴과 푸앵카레 시대의 천체역학, 난류발생이론, 더 최근의 재규격화

이론, 양자역학과 통계물리학, 교통이론의 구체적 문제들이 그 예다.

수리물리학은 이론물리학의 기초뿐만 아니라 새로운 수학 도구들도 근본적으로 다시 생각하게 만드는 개념적 문제가 제기될 때에도 유용하다. 19세기에 전기역학과 통계역학의 수학 공식 발견이 그 예다. 제임스 맥스웰(James Maxwell)과 루트비히 볼츠만(Ludwig Boltwman)은 어느 모로 보나 수리물리학자였다. 양자물리학과 상대성이론을 발견하고 원자론이 확인된 1900~1926년은 더 좋은 예다. 아인슈타인, 슈뢰딩거, 폴 디랙(Paul Dirac), 볼프강 파울리(Woflgang Pauli), 막스 보른(Max Born) 등은 최고의 수리물리학자들이었다. 우리 세대도 중요한 개념적 문제를 마주하고 있다. 세대를 막론하고 지난 70년 간 이론가들에게 도전이었던 그 문제는 바로 새로운 '공간-시간-물질' 이론 속에 양자론과 일반상대성이론을 통합하는 것이다. 워낙 어려운 문제이다 보니 실질적인 진전은 매우 더디고 최종적 답도 지금까지는 나오지 않았다.

수리물리학자의 성공은 그가 증명한 정리가 몇 개인지로 가늠되는 것이 아니라, 그가 얼마나 수학적으로 정확하게 '현실의 행동'을 이해할 능력이 있는가로 측정된다. 수리물리학에는 적어도 지금까지는 엄밀한 수학 용어로 기술할 수 없는 측면이 있다는 것을 우리는 알고 있다. 그러나 또 한편으로는 물리학적 현상에 대해 새로운 측면과 더불어 새로운 정리를 증명해주는 다양한 수리물리학도 존재한다. 나는 그중 두 개의 수리물리학에 도전했

고 서로 다른 결과를 얻었다. 내가 느끼는 바는 각자 해결하고자 하는 문제에 자신의 방법과 스타일을 맞춰야 한다는 것이다. 스타일, 기술, 또는 진행 방식에 관한 선입견은 연구의 진전을 방해할 수 있다. 나는 하나의 '통일된' 관점에서 출발하거나 하나의 수학이론을 통해서 전체를 보는 것이 대체로 좋은 아이디어라고 생각하지 않는다.

그래서 이론물리학의 다양한 분야에 걸쳐 있는 수많은 문제를 다루었다. 덕분에 때로는 실험물리학자의 실험실에서 관찰한 현상을 이론적으로 해석하기도 했다. 나는 수학을 꽤 폭넓게 사용하고, 새로운 도구를 만들어내기보다는 기존의 도구를 사용하려고 한다. 나는 새로운 물리학 문제를 발견하고 그 문제를 수학적으로 접근하는 방법을 구상하는 것을 좋아한다. 제대로 된 답을 향해 나아갈

방법을 모르고 헤맬 때, 이런저런 전략을 시도해야 할 때, 막다른 골목을 빠져나갈 방법을 찾을 기력조차 없을 때, 엄청난 양의 계산을 해야 할 때는 나에게 불안한 시기다. 그럴 때 나는 능력 있는 동료들의 도움을 받아야 한다. 나는 영감을 믿지 않는다. 대신 내 의견과 관점을 발전시키는 것을 좋아한다. 아주 확고했던 의견과 관점이라도 어쩔 수 없을 때에는 바꾸는 것을 좋아한다. 물리학이든 수학이든 최고의 이론은 타당성 있고 구체적인 문제들로 이루어진 비옥한 토양에서 성장하는 이론이라고 생각한다. 또 완성된 뒤에는 처음의 문제들을 해결해줄 수 있는 이론이 가장 좋은 이론이라고 생각한다.

외부에서 보면 끈이론을 연구하는 젊은 이론가들 중 아주 구체적이고 기술적으로 고난도의 문제 해결에만 몰두하는 사람들이 많은 것 같다. 어쩌면 그들이 좋은 이론에 대한 내 의견과 같은 생각을 하는지도 모르겠다. '공간-시간-물질'의 양자론을 비롯한 좋은 이론은 구체적이고 어려운 문제들을 많이 풀어낸 뒤에야 비로소 출현할 수 있다. 문제는 그들 대부분이 수학의 발전에 적용할 수 있는 깊은 물리학의 뿌리를 바탕으로 문제를 풀지 않는다는 것이다. 물론 몇몇은 성공하기도 하지만 말이다. 이 상황은 하인스베르크(W. Heinsberg), 슈뢰딩거, 디랙이 등장하기 전 닐스 보어(Niels Bohr), 아르놀트 좀머펠트(Arnold Sommefeld), 폴 엡스타인(Paul Epstein)이 이끌던 구 양자역학의 마지막 시기를 떠올리게 한다. 따라서 지금은 연구자들이 배경음만 내고 있다고 볼 수 있다. 거기에서 플루트, 바이올린, 하프의 소리가 도드라지면서 '공간-시간-물질'의 양자론(혹은 다른 이론)을 만들어내려는 시도가 성공했음을 알려줄 것이다. 그날이 언제 올지는 모른다. 하지만 배경음은 우리의 긴장감을 높여줄 것이다.

물리학에서 쌓은 내 경험은 성공으로 가는 길이 다 다르고 많다는 것을 가르쳐주었다. 우리는 다른 선택을 하는 사람들, 우리가 아니라 자신을 위해 묵묵히 나아가는 사람들을 존중해야 할 것이다. 중요한 것은 지적인 엄격함을 지키면서 정직한 삶을 즐겁게 영위해나가는 것이리라.

위르겐 프릴리히

실비 페이샤(Sylvie Paycha)
블레즈 파스칼 대학

칠판 앞으로!

수학 얘기를 하다 보면 말로는 더 이상 설명하지 못할 때가 온다. 그때 볼펜이 등장한다. 냅킨이나 지하철 표 한 귀퉁이에 갈겨쓴 공식 하나가 뒤엉킨 말의 실타래를 풀면 대화는 다시 시작된다. 대화가 급물살을 타고 수학 공식들을 다 담을 수 없을 정도로 종이쪽지가 작아져버리면 자리에서 일어나 분필을 잡는다.

학교 다닐 때만 해도 공포의 대상이었던 칠판이 이제는 아주 익숙한 친구가 되어 도움을 준다. 칠판 위에서 수학은 서로 공격에 나선다. 갈겨쓰고, 지우고, 그 위에 다시 쓰고. 그렇게 쌓인 아이디어 더미는 아직 이리저리 흔들거린다. 그중 칠판에 흔적을 남기는 것은 몇 개 되지 않는다. 칠판 위에 부끄러운 듯 자리 잡은 흰 글씨들을 지우겠다며 지우개가 으름장을 놓기 때문이다. 지우개가 힘차게 휩쓸고 지나간 뒤에도 거대한 물의 띠가 살아남은 숫자와 글자들을 무자비하게 뒤덮는다.

침묵, 일시적 소강상태. 지우개를 내려놓고 살아남은 공식들을 쳐다본다. 공식, 문장, 밑그림 단계

의 증명들을 재고, 평가하고, 감탄한다. 칠판에 아직 붙어 있는 종잇조각에게는 은총의 시간이다. 아무리 조심스럽게 내뱉어도 작은 평이나 질문이 생존한 문장, 공식 또는 기호들을 영원히 사라지게 만들 수 있다. 그러니 심사숙고한다.

칠판에 머물던 시선들은 마침내 만족감으로 반짝반짝 빛나며 서로 마주본다. 입가에는 미소가 번지고 안도의 한숨이 새어나온다. 바로 이거거든! 테이블 위에 버려두었던 볼펜을 다시 집어들 때가 왔다. 칠판에 남아 있는 수학적 교류의 흔적을 백지 위에 남긴다. 그것은 백묵으로 적은 강렬한 교류의 마지막 잔해이다. 내일이면 청소부 아줌마에게 지워져 영원히 사라져버릴……

실비 페이샤

데니스 설리번(Dennis Sullivan)
스토니 브룩 대학
미국수학협회 스틸 상
엘리 카르탕 상

1975~1995년, 고등과학연구소에서의 점심

내가 1974년 가을 프랑스 고등과학연구소에 들어 갔을 때 수학을 연구해야 한다는 의무는 없었다. 단지 가능성만 있을 뿐이었다. 나는 조금 더 조직 적인 것을 원했기 때문에 점심시간을 학문적 교류 의 기회로 삼았다. 그것은 나에게 과제이자 기쁨이 었다.

그때부터 나는 매일 점심시간에 식당에 가서 토 론에 참여했다. 고집 센 참가자들이 모인 작은 그 룹의 토론은 디저트와 커피를 마실 때까지, 때로는 차를 마실 오후 시간까지 이어졌다.

토론은 주로 영어로 이루어졌고, 들리뉴의 영향 아래에서 배우고 문제와 아이디어를 교환했다. 내가 잘하던 일은 머릿속에 떠오르는 아이디어나 문제 하 나 골라서 테이블의 관심을 불러일으킬 만한 문제로 바꾼 다음 젊은 박사후과정생이나 연륜이 있는 객원 연구원에게 먹이처럼 던져주는 것이었다.

다른 사람들이 무엇을 연구하는지, 또는 무엇에 관심이 많은지 대충 알고 있던 것도 나의 특기였 다. 주제를 제대로 이해하지 못할 때든 혹은 꽤 잘 알고 있어서든 수학적 의미로 '소개'되지 않은 두 사람이 사실은 같은 주제를 연구하고 있다는 것을 알 수 있었다. 그렇게 해서 제프리 치거의 L^2이론이 마크 고레스키와 로버트 맥퍼슨의 교차이론을 만났고, 조지 모스토우의 강성 이론이 베르스의 변형이론에 소개된 것이다.

이렇듯 시즌마다 수많은 '소개'가 이루어졌다.

그러한 교류의 가장 큰 수혜자가 나일 때도 있었다. 위상학자 론 스턴과 뫼비우스 변환의 구체적 계산에 대해 토론하던 상황이 지금도 생각난다. 그가 나의 추상적인 설명을 이해하려고 구체적 예를 들어보라고 했던 것이 내게 도움이 되었다. 그 예가 그야말로 구체적이고 명시적이었기 때문이다. 그 덕분에 나는 클라인 군이 극한점에 변형을 갖지 않는다는 것을 증명할 수 있었다(1978년).

길고 좁은 테이블의 모양도 중요했다. 덕분에 필요한 경우 바로 옆에 앉은 사람과 토론을 벌일 수 있었고, 멀리 떨어진 자리에 앉은 사람도 토론에서 제외되었다는 불쾌감을 느끼지 않았고, 또 방해받지 않고 그들끼리 토론을 할 수도 있었다.

테이블이 둥글면 어느 자리에 앉더라도 한눈에 모든 사람들을 볼 수 있기 때문에 그런 '밀담'은 더 어려워진다. 그런 디테일들이 학문의 역동성에 중요한 역할을 한다.

또 다른 디테일은 여인숙과 식당의 유연함이다. 우리 중 몇 명은 '예정되지 않은' 방문객을 마지막 순간에 점심식사에 초대할 수 있는 결정권을 가지고 있었다. 단, 음식이 남아 있어야 했다.

지금은 사람들이 많다 보니 상황이 달라진 듯하다. 점심 때 식당에 정기적으로 가지 않던 전임교수들이 마지막 순간에 점심에 참여하겠다고 결정할 수도 없는 모양이다. 그런 상황이 오래 가지는 않기를 바라자. 내가 있던 시절에는 가장 중요했던 거장들(피에르 들리뉴, 알랭 콘, 미샤 그로모프 등등)의 에너지를 잃고 점심식사의 활력이 떨어질 수 있기 때문이다.

데니스 설리번

자크 티츠(Jacques Tits)
콜레주 드 프랑스
울프 상

뷔르쉬르이베트에 내린 눈

1960년대 어느 행복하고 평범했던 하루

오전 9시, 나는 뤽상부르 역을 출발하여 생 레미 레스 슈브뢰즈로 향한다. 예상했던 대로 열차 안에서 대화를 나누고 싶어하는 친구 한 명을 만난다. 대화 주제는 말할 것도 없이 수학이다(열정적인 승객들이 벌이는 토론이 어젯밤 텔레비전 프로그램이 아니라 이상한 이름을 가진 대상이 되는 희한한 열차). 뷔르쉬르이베트 역에서 새로운 승객들이 열차에 오른다. 토론은 더욱 활기를 띤다. 우리는 브로셀리앙드 같은 숲을 지나 이상한 연구원으로 향한다. 마법사 레옹 모샨이 요정 아니 롤랑(Annie Roland)의 도움을 받아 구상한 텔렘 수도원의 현대 버전이라고나 할까.

내 연구실로 향하는 길 위에서 나는 잠시 걸음을 멈추고 그 두 천재적인 수호자들에게 인사를 건넨다. 그들은 늘 사람을 반갑게 맞는다. 곧이어 나는 멋진 검은 책상과 수북이 쌓인 분필 사이에 자리를 잡고 앉는다. 분필이 수학자의 필수 도구라는 건 말하지 않아도 알 것이다. 연구는 척척 진행된다.

그런데 갑자기 나의 추론이 유효한가에 대한 걱정이 생긴다. 다행히 들리뉴가 그리 멀지 않은 곳에 있다. 그는 금방 나의 의심을 씻어준다(이곳 사람들 모두가 너그러운 그의 성격을 잘 알고 있어서 가끔 남용하기도 한다).

수학은 한 번 시작하면 매우 몰두하게 되지만 허기가 지게 만든다. 조금 있으면 점심시간이다. 나는 조금 힘들게 나의 사랑하는 종이들을 떼어놓고 식당으로 향한다. 그곳에서는 벌써 서른 명 정도의 수학자, 물리학자, 그리고 고등과학연구소 직원들이 자리를 잡고 앉아 신나게 이런저런 이야기를 나누고 있다. 대화의 주제가 흥미롭지만 어려울 때가 많은 수학 주제로 흘러가면 나는 대화를 들으려고 노력한다. 성공할 때도 있고 실패할 때도 있지만 '이해 못하는 게 없는 사람들'을 보면 늘 감탄과 질투에 빠진다. 식사는 즐겁다. 와인도 마찬가지다. 수학(때에 따라서는 물리학)은 모든 사람들을 깨우치게 한다.

점심식사가 끝나면 사람들은 대부분 세미나에 참석한다. 세미나는 나에게 늘 새로운 기쁨의 원천이다. 강연자가 말하는 모든 내용을 내가 이해할 때면(그로텐디크를 예로 들면 이해가 빠르겠다) 세상을 다 얻은 듯하다. 그러나 전혀 이해를 하지 못하더라도 세미나를 빼먹고 싶은 생각은 추호도 없다. 그곳에서는 앞으로 막강한 영향력을 미치리라고 짐작할 수 있는 새로운 개념들이 탄생하기 때문이다. 최고의 전문가들 사이에서 대립이 일어나는 특별한 순간을 놓칠 생각은 더더욱 없다. 토론은 속도를 내고, 목소리가 올라간다. 치명적인 모순의 망령이 모습을 드러낼까 싶지만 비극은 일어나지 않으리라는 것을 참석자 모두가 알고 있다. 그리고 수학자가 아닌 사람들, 불타는 논쟁의 증인들에게

놀라움을 선사하는 기적이 예외 없이 일어난다. 언쟁이 갑자기 멈추고 한쪽이 먼저 '바보였다'고 인정하며 껄껄 웃으며 무기를 내려놓기 때문이다.

오후 네 시. 차를 마시는 시간이다. 여러 개의 칠판 앞에는 마지막 정리를 위해 삼삼오오 사람들이 모여 있다. 집으로 돌아가는 열차에서 이 모든 '수학 사건들'이 여전히 활발한 대화의 주제가 된다. 그 대화는 수업 내용에 대해 이야기를 나누는 대학생들의 대화와 섞인다. 나는 대학생들의 진지함에 놀란다. 그들에게서도 아직 배워야 할 것이 많이 남아 있다.

드디어 파리에 도착. 국립도서관(공부가 아주 잘되던 리슐리외가에 있는 도서관)에서 하루를 보낸 아내를 다시 보니 반갑다. 찾던 책과 자료를 구했다며 아내는 신이 났다. 우리는 각자 하루를 어떻게 보냈는지 이야기를 나눈다. 맛있는 저녁(중세 연구자인 아내는 코르동 블뢰 출신이기도 하다)이 기다리고 있다는 생각에 우리는 행복하다.

자크 티츠

웬디 로웬(Wendy Lowen)
프랑스 국립과학연구원
FWO

수학의
꽃

수학자란 무엇인가?
과학자도 아니오,
예술가도 아니다.
그 둘 사이에 있는 누군가이다.
구조와 진리의 세계에서
수학자는 씨앗을 만든다.
하지만 그는 꽃을 느낀다.
꽃향기가 세상을 구하리라는
어렴풋한 희망을 품으며.

웬디 로웬

마이클 베리(Michael Berry)
브리스톨 대학
울프 상

평범함 속의
정밀함

우리의 추상적 개념을 자연 속에서 발견하는 것은 얼마나 큰 즐거움인가.

무지개와 쓰나미에서 발견하는 그래디언트의 특수성.

동양의 요술거울에서 발견하는 라플라스 연산자.

파란 하늘의 편광 현상에서 발견하는 타원적분.

양자학의 식별 불가능성에서 발견하는 비틀림과 곡선의 기하학.

필름의 후방 투영에서 발견하는 행렬의 퇴화.

작은 회절격자에서 나오는 빛에서 발견하는 가우스합.

근본적으로는 늘 새로운 발견의 놀라움이 있다. 물리학에서 필요한 수학을 얌전히 기다린 뒤였다. 리만 기하학은 일반상대성이론을, 행렬은 양자물리학을, 파이버번들은 기본 상호작용의 게이지이론을 기다린 것이다. 그것에 놀라워해야 할까? 나는 아니라고 생각한다. 우리는 무한하고 측정할 수 없는 세계에서 유한한 지력을 가지고 살고 있는 존재이다. 과학 분야에서 각 개인이 가진 지력을 합치면 더 많은 것을 이해할 수 있는 것은 사실이다. 그렇다고 해도 자연의 구조에 대해서 우리가 이해할 수 있는 것은 우리가 가진 정신세계의 반영일 뿐이다. 인류의 각 발전 단계에서 가장 정밀하게 발달한 것이 바로 수학이다. 결국 우리가 자연이라는 세계에 가장 깊숙이 침투한 것은 바로 가장 최근에 구축된 수학이론들을 통해서이다. 수학이 발전하면 할수록 우주의 미묘한 특징을 더 잘 이해할 수 있게 되는 것이다. 인류가 생존하는 한, 나는 그러한 과정이 멈추지 않으리라 생각한다. '모든 것의 이론'이란 없다.

'자연과학에서 수학이 보여주는 비합리적 효율성'은 결국 비합리적이지 않다. 그 효율성은 오히려 필수불가결한 것이다. 비합리적인 것이 아니라 경이로운 것이다.

마이클 베리
(프랑스어 번역 : 알랭 아스페)

나탈리 드뤼엘(Nathalie Deruelle)
프랑스 국립과학연구원

알레고리

"독립적인 공간과 시간은 그림자처럼 사라지게 되어 있다. 공간과 시간의 결합만이 독립적인 실재를 간직한다." – 헤르만 민코프스키

화창한 날이면 늘 그렇듯 X는 점심을 먹고 나서 공원으로 나가 햇살 아래에서 그날의 악보를 논의한 뒤 그의 음악실로 들어갔다. 그리고 늘 그렇듯 피아노를 연다. 페달을 가볍게 밟고 아르페지오를 잠깐 치며 침묵을 길들인다. 음계 몇 개가 올라가고 내려가다가 크레센도 되더니 작은 화음으로 울려 퍼지다가 침묵 속에 사그라지며 끝난다. 음악은 발견될 준비를 마치고 거기에 존재한다.

오늘 오후에 X는 무엇을 칠까? 지난번에 쳤던 바흐나 드뷔시? 아니다. 오늘은 그녀에게 더 잘 맞는 곡을 복습할 것이다. 그녀는 하도 열심히 연구해서 닳아빠진 악보를 펼친다. 라흐마니노프 피아노 협주곡 제3번. 그 어렵다는, 그렇지만 피해갈 수 없는 '라흐마니노프 3번'이다. 피아니스트로서의 X의 삶이 그 악보에 숨어 있다. 곡의 서두가 되고 곡 전체를 어우르며 공간과 시간을 정의하는 듯한 긴 테마를 X는 청소년 시절부터 알고 있었다. 그녀의 첫 선생님이 수업 시간에 그 테마를 소개해주었다. 매료된 X는 선생님에게 그것이 갖는 의미를 물었다. "나도 잘 모르겠구나." 선생님은 겸손하게 대답했다. 그 뒤로 X는 그 질문에 대한 대답을 찾으려고 노력했던 것 같다. 1악장 카덴차는 그녀의 자유 경연 곡이었다. 그 곡을 열심히 연습하느라 얼마나 많은 시간을 보냈던가. 2악장의 스케르초에는 까맣게 주해를 달아놓았다. 어떤 것은 당시 함께 연습했고 지금은 뱅퇴유의 소나타를 연습하고 있는 친구가 써놓은 것이었다. 당시 두 사람은 아직 초보자에 불과했다. X는 둘이서 열띤 토론을 벌이다가 클라리넷 멜로디가 사실은 주테마를 거꾸로 한 것이라는 사실을 발견했던 것을 기억했다. 그다음에 그녀는 중심 전개부를 연습했지만 결국 포기하고 말았다. 작은 손 때문이었다. 얼마 전 그녀는 10도 화음에 다시 매달렸고 결국 분산화음을 쓰면서 장애물을 넘어갈 수 있었다. 하지만 이제는 발표에서 그 정도의

작은 실수는 해도 된다고 생각한다. 종지부의 화음 변조는 그녀에게 음악이 보여줄 수 있는 가장 화려하고 위풍당당한 모습이었다. 몇 년 동안 그녀에게는 기술적인 점들이 모자라 곡의 정신을 완벽하게 표현할 수 없었다. 이제 그녀는 목표에 가까이 다가갔다고 느낀다. 그녀는 잠시 마음을 가다듬고 아무런 상념도 갖지 않는다. 그리고 한 옥타브 바꾸어서 첫 음을 연주한다. 테마를 가장 처음으로 알리는 음이다.

학생들, 교수들, 그리고 그들이 초대한 사람들이 조금씩 강당으로 들어온다. 라흐마니노프 3번의 아름다움을 보여주려는 X의 연주를 듣기 위해서다. 한 시간 동안 그들은 흐르는 물처럼 길게 이어지는 멜로디, 팡파르처럼 울려퍼지는 화음, 초인의 손을 위해 쓰인 것 같은 카덴차를 감상한다. 건반 위를 날아다니고 걸터앉고 엉클어지고 풀리는 손가락들의 복잡한 놀이에 참여한다. 자기보다 더 큰 소용돌이에 휘말려 무명(無名)이 된 연주자 내면의 긴장감을 느낀다. 요동치는 소리의 강은 그들을 조금씩 끌어들이고 평범한 시간에서 벗어나게 만든다. 한줄기 빛을 타고 달려가게 만들고 싶다는 듯 말이다. 그리고 하모니의 보편적 아름다움의 영역에 접근한다. 다시 한 번 음악의 기적이 완성되었다. X는 마지막 화음을 힘차게 연주한다. 소리는 해체되고 조금씩 되살아난 침묵 속에서 절대적 시간이 다시 흐른다. 청중은 박수를 보낸다. 그러나 이미 많은 질문들이 쏟아진다. 두 시간 동안 X는 이러저러한 점에 대해 자세히 설명한다. 사람들

이 모두 떠나고 그녀가 피아노를 덮고 강당을 나설 때 공원에는 이미 어둠이 내린 것을 볼 수 있을 것이다.

나탈리 드뤼엘

알레고리의 역할이란 한 세계에서 다른 세계로 미끄러지듯 넘어가게 하는 것이 아닐까? (그것은 마치 방정식과 같다. 얇은 드레스를 입고 눈은 가리고 저울을 들고 있는 여자 = 정의의 여신) 그렇게 우리는 어둠이 깔린 공원을 뒤로 하고 바다와 관련된 비유를 시도해볼 수 있을까? 유람선을 만드는 재료인 나무로 시작해보면 어떨까?

눈을 감으면 작가의 철학적 또는 형이상학적 관심사가 무엇이든 간에 멜빌에서 콘래드에 이르기까지 모든 해양문학이 배 위의 삶을

중심으로 구축되는 것을 볼 수 있다. 그리고 배 위의 삶은 효율적이고 엄격한 서열을 따르며 분주하면서도 협동적인 선원들의 기분

그리고 승무원들에게는 그들의 행동을 치하해야 한다.

그들이 없다면 배는 암초에 부딪혀 침몰하거나 모래 해안에 좌초될 것이다.

이제 알레고리는 필요 없다. 따뜻한 차와 건강한 음식이 있다면, 새로운 방문객이 길을 잃지 않고 연구실을 찾을 수 있다면, 대강당의 마이크가 잘 작동된다면, 인터넷 접속이 완벽하게 작동한다면, 글들이 TeX로 잘 바뀐다면, 잔디가 아름답다면, 공원에 꽃이 피었다면, 수학은 더 잘될 것이다. 이 조건들이 충족되면 노하우는 또 다른 차원 앞에 모습을 감출 것이다. 그것은 바로 매력이다.

와키모토 미노루(Wakimoto Minoru)
교토 대학

서신

와키모토 교수가 이곳에 머무는 동안 우리가 그에게 부탁했던 것을 얼마 뒤 그가 도쿄에서 이메일로 보내주었다.

"제가 프랑스 고등과학연구소에 머물던 2006년 초에는 많은 나무와 풀들이 아직 잠자고 있었습니다. 꽃이 피기에는 아직 이른 때였지요. 그러나 빅토르 칵 교수와 함께 양자분해에 관해 열띤 토론을 벌인 덕분에 매우 풍요로운 나날을 보냈습니다. 우리가 흥미로운 멱영원의 분류를 발견하고 '예외적인' 멱영원이라 이름붙인 것도 고등과학연구소에서였고, 그 멱영원과 결합시켜 폰 노이만 대수의 표현론 연구를 시작한 것도 고등과학연구소에서였지요.

오르마유(내가 지내던 기숙사) 근처의 정겨운 빵집도 잊을 수 없습니다. 고등과연구원에서 기숙사로 돌아가던 길에 그곳에 자주 들러 제가 좋아하는 바게트를 사곤 했지요."

여전히 뭔가 아쉽던 우리는 답장을 해주어 고맙다고 전하면서 물었다. "양자분해가 뭡니까?" 당시 그는 조금 바쁘다고 하면서 몇 주 안에 다시 연락하자고 했다. 그리고 그가 다시 연락을 취해왔을 때 양자분해에 대한 그의 자세한 설명에 우리는 크게 만족했다.

"리 대수와 무한대의 리 초대수는 크게 두 분류로 나뉩니다. 그것은 바로 '아핀 리 대수'와 '초등각 대수'입니다. 이 무한대의 대수들은 그 자체로도 흥미롭지만 수학과 물리학의 여러 분야에 적용될 때도 흥미롭습니다. 우리의 관심은 그 대수들의 구조와 표현에 있습니다.

아핀 리 대수와 초등각 대수에는 큰 차이가 있습니다. 아핀 리 대수에는 '불변의 비축퇴 쌍1차 형식'과 '바일군'처럼 표현론에서 중요한 역할을 하는 강력한 도구들이 있습니다. 그러나 '초등각 대수'에는 그런 중요한 도구들이 없기 때문에 표현론이 아주 어려워집니다.

니다. 우리가 보기에 페이긴-프렌켈 이론은 폰 노이만 대수를 주 먹영원과 결합하는 것입니다. 우리가 만든 이론으로는 현재 알려진 모든 초등각 대수를 얻는 것이 가능합니다. 양자분해를 통한 폰 노이만 대수 이론은 K차원의 G 아핀 초대수의 표현이 자연스럽게 W(G, f) 대수의 표현으로 귀결된다는 것이고, 그런 관점을 바탕으로 우리는 현재 초등각 대수의 표현론을 연구하고 있습니다."

관심이 동한 우리는 수학자나 이론물리학자가 해외 연구소에 머무는 것이 어떤 도움이 되는지 와키모토 교수에게 물었다. 사실 칠판, 분필, 컴퓨터, 인터넷만 있으면 수학자는 어디든 자기 집에 있는 것과 마찬가지다. 와키모토 교수는 고맙게도 대답을 해주었다.

"연구소는 직접적인 토론과 자유로운 의견 교환을 원활하게 해줍니다. 그것이 가장 큰 장점이지요. 다양한 분야의 수학자들과 의견을 나눌 수 있다는 것도 아주 큰 매력입니다. 그런 의견 교환을 통해 영감을 받을 수도 있고, 새로운 지평이 열리기도 하니까요. 언뜻 보기에는 연구하는 분야가 아주 동떨어져 보일 때조차 말입니다."

와키모노 교수가 그의 전문 분야에 대해 충분한 설명을 했다고 생각한 우리의 마지막 질문은 바게트에 관한 것이었다. 어떤 바게트가 가장 맛이 있는지? 바삭바삭한 겉부분? 부드럽고 살살 녹는 속

1980년대에 '폰 노이만 대수' 이론을 발전시킨 물리학자들이 있고, 초등각 대수의 표현을 연구한 물리학자들도 있었습니다. 1990년에 B. 페이긴과 E. 프렌켈은 아핀 리 대수와 결합한 폰 노이만 대수 구축을 위한 모델을 호몰로지를 통해 발견했습니다. 이때 보편덮개대수와 에너지를 갖는 페르미온 공간에 '전압을 넣어' 얻은 사슬 복합체를 사용했습니다. 그 방법을 '드린필드-소콜로프 분해의 양자화' 또는 더 줄여서 '양자분해'라고 합니다.

몇 년 전 우리는 페이긴-프렌켈 이론을 G 리 대수 전체와 모든 f 먹영원으로 확장시켜 K차원의 폰 노이만 대수 W(G, f)를 구축하는 방법을 마련했습

살? 갓 구운 빵 냄새? 바삭거리는 소리? 많은 프랑스인들이 그렇듯 집에 도착하기도 전에 참지 못하고 바게트를 한입 베어 문 적은 있는지?

"모든 대답에 그렇다고 대답해야겠습니다. 바게트의 겉은 정말 바삭거리고, 부드러운 속은 구수한 향이 나지요. 아내와 저는 퇴근길에 막 가마에서 꺼낸 뜨끈뜨끈한 빵을 한입씩 베어 무는 걸 참 좋아했습니다.

이렇게 흥미로운 질문들을 보내주셔서 무척 고맙습니다."

와키모토 미노루

빅토르 칵(Victor Kac)
매사추세츠 공과 대학

일랑

내가 프랑스 고등과학연구소에 다닌 지도 어언 30년이니 거의 모든 사람들을 만나보았다고 할 수 있다. 그로텐디크만 예외다. 그러나 내가 이야기하려고 하는 것은 이 훌륭한 기관에서 일어난 자극적인 교류와 발견이 아니다.

하나님이 지금까지 출판한 것은 성경 한 권이기 때문에 대학에서 자리를 얻을 수 없을 거라는, 오래 전부터 전해져 내려오는 우스갯소리가 있다. 하나님은 다행히 이미 자리가 있고, 반신(半神)들도 때로는 자리가 필요하고 요행히도 프랑스 고등과학연구소가 그렇게 되도록 마음을 쓰고 있다. 이 책에 참여한 다른 사람들도 아마 그 위인들(우리는 여전히 반여신의 출현을 기대하고 있다. 아직까지 필즈 상을 받은 여성 수학자가 나오지 않았으므로)에 대해 많이 강조했을 것이다. 나는 그런 고등과학연구소의 훌륭한 역할에 대해서도 말하지 않겠다.

고등과학연구소의 가장 큰 장점 중 하나가 그런 반신들에게만 신경을 쓰는 것이 아니라 대부분 직업을 가지고 있는(그러나 모두가 좋은 환경에서 지내는 것은 아니다) 평범한 인간들의 다채로운 군집과 또 비록 드물기는 해도 머물 곳이 없는 사람에게도 기적의 안식처를 제공하는 것이기 때문이다.

일랑(Ilan)도 그런 사람 중 하나였다. 그는 우리와는 아주 달랐다. 늘 기품과 유머가 넘쳤고 바람둥이 기질이 보이기도 했던 그의 관심사는 한계가 없었다. 어느 날 그는 p진 해석학에 대한 발표를 했고, 몇 주 뒤에는 아르키메데스가 모래알을 세던 방법에 대해 설명했다. 또 그다음에는 정수이론의 매우 난해한 문제에 대한 발표를 했다.

어느 날 차를 마시던 시간에 나는 모스크바의 한 고등학교 선생님이 썼다는 논문을 일랑에게 보여주었다. 그 논문은 모스크바 대학 입학시험에서 유대인 신입생을 받지 않으려고 냈던 수학 문제들을 다루고 있었다. 얼마 뒤 일랑은 내게 문제들을 상세히 분석한 것과 그가 그 문제들을 푸는 데 걸린 시간을 글로 써서 보내주었다.

"이 문제의 도덕적 측면은 제쳐두었습니다. 내 목적은 문제가 얼마나 복잡한지 분석하는 것이었습니다." 그는 한 문제당 두세 시간이 걸렸다고 했다. 유대인 지원자들에게 주어진 시간은 단 몇 분에 불과했다. 유대인이 아닌 지원자들에게 주어진 문제들을 푸는 데에는 당연히 몇 초밖에 걸리지 않았다.

"비난받아 마땅한 술책을 부린 책임자들이 고등과학연구소에 초빙되어야 하는가?" 그 사람들이 은퇴할 나이가 되어가므로 문제의 심각성은 점점 사그라지고 있다. 일랑이 보낸 엽서에 보이는 콩트레스카르프 광장 카페의 사진이 바래는 것처럼. 일랑이 내게 보냈던 글을 썼던 곳이 바로 그 카페였다.

빅토르 칵

미하일 그로모프(Mikhail Gromov)
프랑스 고등과학연구소
울프 상
발잔 상
교토 상
미국수학협회 스틸 상

세계
4대 미스터리

첫 번째 미스터리는 물리학 법칙의 성격이다. 한 점에서 출발한 방사상 구조를 생각해보자. 우리가 알 수 있는 출발점의 유일한 특징은 절대적 대칭이라는 것이다. 그 대칭 구조는 인간의 관찰로 우주의 비밀이 해독될수록 분해되고 분산된다.

두 번째 미스터리는 생명이다. 물리적 물질의 대칭 구조는 분산되면서 다른 형태의 구조로 진화한다. 어마어마한 잠재력을 가진 현실의 작은 섬들로 응축된 구조다.

세 번째 미스터리는 뇌의 역할이다. 우연히 발달한 무정형의 유기물 덩어리는 물리학의 은하수를 따라가며 더욱 많은 가능성(상상일까?) 속에서 알맞은 답을 선별할 수 있는 능력을 갖췄다.

인간의 정신(혹은 뇌?)이 이해할 수 있는 형식으로 이 세 가지 구조를 표현하는 유일한 방법은 수학 모델을 구축하는 것이다.

오늘날 우리가 수학에서 보는 모든 것은 이 세

가지 미스터리 중 첫 번째 미스터리의 영향 아래 발전해왔다. 수학자들은 여전히 인간이 이해할 수 있는 우주의 최후 대칭을 찾고 있다. 그러나 그것이 생명과 정신(또는 뇌)의 구조를 밝힐 수는 없었다.

이제 네 번째 미스터리가 출현한다. 그것은 수학 구조의 미스터리다. 수학 구조는 왜, 그리고 언제 출현하는 것일까? 우리는 어떻게 그것을 모델화할 수 있으며, 우리의 뇌는 카오스적 외부의 인풋들에서 어떻게 모델을 만들어내게 되는가?

프랑스 고등과학연구소가 500주년을 맞이할 즈음에나 그 답을 조금이나마 엿볼 수 있을 것이다.

미하일 그로모프

에티엔 지스(Ethienne Ghys)
프랑스 고등사범학교

플래시백

1997년 1월, 프랑스 릴의 대학도서관. 이브가 프린스턴에서 막 도착한 '서스턴 노트'를 가져다주었다. 나는 수백 쪽에 이르는 노트를 복사하는 중이다. 내가 수학에서 하고 싶은 것은 바로 이거라고 생각한다. 충동적 결정.

1978년 6월, 릴 대학교. 한 시간 전에 나의 영웅인 데니스 설리번을 만나 내 아이디어를 소개한다. 문이 열리고 누군가가 데니스에게 들어와 샴페인을 마시라고 권한다. 그는 "고맙지만 사양합니다. 저는 수학을 음미하는 게 더 좋습니다" 하고 대답한다. 더할 수 없는 기쁨.

1979년 4월, 릴 요새. 나는 제자리에서 맴돌고만 있다. 매일 요새 주위로 산책 나갈 때 만나게 되는 우리 안의 곰처럼 말이다. 내 머릿속에는 한 가지 생각밖에 없다. 망할 놈의 야코비 행렬식이 유한하다는 것을 증명하는 일! 언제간 증명할 날이 올까? 밀려드는 불안.

1981년 3월, 리우데자네이루 125번 버스 안. 푹푹 찌는 더위에 버스는 플라멩코 해안을 따라 질주한다. 나는 아노소프의 미분동형사상의 궤도가 안정 다양체에서 측지선이라는 것을 이해했다. 이것을 활용하면 아노소프의 미분동형사상을 3차원에서 이해할 수 있을까? 떨리는 홍분.

1983년 뉴욕, 새벽 3시. 내가 자랑스럽게 만들어 놓은 것이 방금 무너져버렸다. 3개월을 허비했다. 더 이상 자랑스럽지 않은 어리석은 실수다. 군코호몰로지에 대해 하나도 이해하지 못했다. 깊은 우울감.

1985년 12월, 멕시코. 레프세츠학술대회가 끝나고. 위상기하학의 대가인 윌리엄 브라우더가 내게 다가왔다. "발표 좋았습니다." 야호!

1987년 2월, 제네바. 앙드레와 피에르, 그리고 나는 어렵기로 소문난 미하일 그로모프의 쌍곡군에

관한 논문을 함께 공부하기로 했다. 굳은 각오.

1991년 3월, 필라델피아로 향하는 펜스테이트 항공 비행기 안에서. 아노소프의 미분동형사상도 폭스군처럼 두 개씩 짝을 지으면 된다. 큰 환희.

1991년 12월, 리옹 고등사범학교. 내가 처음으로 박사논문을 지도한 학생 크리스토프가 드디어 논문 심사를 받았다. 뿌듯한 만족감.

1992년 3월, 생트 푸아 레 리옹의 발롱 길. 그렇지! 슈바르츠 미분을 이용하면 불변의 투영 구조를 만들 수 있을 거야! 열광.

1995년 10월, 그르노블, 베유 대강당. 중등교원으로 꽉 찬 대강당에서 동역학계를 설명했다. 선생님들이 내 설명을 열심히 들었다. 밀려오는 동질감.

1998년 1월 1일, 리옹. 내가 이 연구실을 책임질 차례가 되었다. 과연 할 수 있을까? 망설임.

1999년 9월, 고등과학연구소. 《고등과학연구소 수학저술》의 편집장을 맡기로 했다. 막중한 책임감.

1999년 12월, 리옹 고등사범학교. 일곱 번째 논문 지도 학생인 소렝이 강 구조에 관한 논문을 발표했다. 행복감.

2001년 7월 20일, 리옹 고등사범학교. 미국수학협회(AMS)와 프랑스수학협회(SMF)의 공동 학술대회가 끝났다. 참가자만 600명. 연구실 전체가 대회를 기분 좋게 조직했다. 능력 있는 연구원들! 자랑스러움.

2003년 6월 3일, 이탈리아 가에타. 방금 미하일 그로모프가 대수다양체의 기본군에 대한 발표를 마쳤다. 놀랄 노자다. 처음부터 끝까지 완전히 빨려 들어갔다. 감탄.

2005년 6월 1일, 벨기에 오스텐드, 새벽 4시. 모듈 결절점은 로렌츠의 기하학 모델에서 나온다. 증명만 남았다. 나중에. 확신.

2006년 8월 24일, 마드리드. 1분 뒤에 국제학술대회에서 발표자로 나선다. 걱정.

2007년 6월 22일, 프랑스 블루아. 열세 명의 다른 수학자 친구들과 함께 이곳에서 일주일을 보내며 1907년 단일화 정리를 증명한 19세기 문헌들을 읽고 평했다. 연속성.

2007년 9월 3일, 리옹 고등사범학교. 피에르가 석사학위 논문 심사를 받는다. 나의 박사논문 지도를 받는 열세 번째 학생이 될 것이다. 낙관.

에티엔 지스

김인강(In Kang Kim)
한국 고등과학원
한국과학기술한림원 젊은과학자 상

수학 예찬

2011년 3월의 어느 봄날, 토요일 오후. 나는 베르사유 궁전 뒤편의 숲 속을 가로지르는 운하 앞에 앉아 음악을 듣고 있다. 따스한 봄볕의 흔들림을 따라 베토벤의 피아노 소나타가 어느 피아니스트의 가녀린 선율로 호수를 미끄러져간다. 나는 그 순수한 아름다움을 내 온몸으로 느낀다. 나에게 아름다움을 알게 해준 이 세상의 모든 친구들, 모든 도시들, 모든 순간들이 내 기억 속의 현실로 살아나 지금 흘러나오는 오보에의 애절한 외침으로 되살아난다. 나에게 인생의 아름다움과 고독과 슬픔과 인내와 기쁨을 일깨워준 친구가 있다면 무엇일까. 그중 하나는 분명히 수학이다.

나는 수학을 통해 삶의 아름다움을 배웠다. 긴 어둠과 불확실성을 건너 밝아오는 논리의 빛을 따라 해결되는 수학의 정리들은 인내와 절제가 무엇인지 깨닫게 해준 친구였다. 그 어둠이 짙을수록, 그 불확실성이 깊을수록 내가 만난 빛의 찬란함과 정리의 아름다움은 인생의 어떤 환희보다 강하였다.

나는 수학을 통해 고독의 참 의미를 깨달았다. 진정으로 고독한 자, 그 긴 밤의 시간을 한 줄의 증명을 완성하려 지새울 때 새벽의 여명은 내 가슴을 가득 채우는 벅참으로 밝아왔다.

나는 수학을 통해 절망의 쓴맛을 삼키는 법을 배웠다. 몇 년 동안을 인내하며 증명해낸 나의 정리가 한순간에 무너질 때 느꼈던 그 절망의 깊이를 나는 처음 알았다. 그로 인해 나는 세상을 향해 담대해지며 다시 일어서는 법을 배웠다.

나는 수학을 통해 시를 쓰는 법을 배웠다. 시인은 아름다운 언어로 시를 쓰고, 음악가는 아름다운 음악으로 노래하지만, 우리는 그 뿌리를 가늠할 수 없는 희귀한 아이디어의 완벽한 논리로 나와 세상과 우주를 수학이라는 화폭에 그려낸다.

나는 수학을 통해 세상을 알아갔다. 어느 나라 어느 곳에 서든지 우리는 해독되지 않은 공통의 문제로 하나가 되었다. 그들과 함께 사색하고 토론하며 우리는 또한 서로를 더 알아갔다. 북한산 자락의 내 연구실에서도, 파리의 골목길 모퉁이 카페에

서도, 알프스의 전나무 숲 속에서도, 금문교의 석
양이 깃든 버클리 마리나에서도 우리는 수학자라
는 하나의 국적을 가진 시민이 되었다.

김인강

데이비드 아이젠버드(David Eisenbud)
버클리 수리과학연구소

은총

1975~1976년 나는 프랑스 고등과학연구소에서 1년을 보냈다. 그렇게 오래 해외에 머문 것은 그때가 처음이었고 어느 면으로 보나 멋진 경험이었다. 나의 아내 모니카와 나는 대형여객선(그 시절엔 그랬다)을 타고 프랑스에 도착했다. 첫 아이를 가진 모니카는 갑판 위에서 낮잠을 즐기고는 했다. 우리 부부는 생애 처음으로 영어가 아닌 다른 언어를 쓰며 친구들을 사귀고 생활하게 되었다. 고등과학연구소에서는 내가 그때까지 해왔던 연구(특이점)와는 꽤 거리가 있는 분야를 접하게 되었고 그때 증명한 몇 가지 정리는 지금도 나의 자랑이다.

연구원에서 지내는 생활이 가져다준 변화는 그게 다가 아니었다. 가장 중요한 변화는 위대하고 열정적인 수학자들과 함께 지낼 수 있었다는 점이다. 그들은 연구원의 편안한 분위기를 좋아했다. 데이비드 멈퍼드(David Mumford)를 비롯한 많은 수학자들은 하나같이 활동적이고 털털했다. 나는 특히 니콜라스 카위퍼르(Nicolaas Kuiper), 베르나르 테시에(Bernard Teissier), 노르베르 오캄포(Norbert O'Campo), 레 융 짱(Le Dung Trang)과 친분을 쌓았다. 연구원만의 독특한 분위기와 경험의 공유는 나에게 무척 소중한 경험이었다. 30년 만에 그곳을 다시 걸으니 감회가 새롭다.

나보다 겨우 몇 살 더 많을 뿐이지만 이미 오래 전에 전설이 된 피에르 들리뉴는 당시 연구원 전임 교수로 일하고 있었다. 나는 그때 어떤 주제를 놓고 연구하다가 그가 관심을 보일 것 같아 그를 만나 내 생각을 펼쳐보였다(적어도 시도는 했다). 들리뉴는 몇 마디만 들어보고도 내 추론에 작은 문제가 있다는 것을 금세 알아챘다. 유한성에 관한 가정이 틀렸다는 것이다.

그래도 나의 증명은 살아남았다. 들리뉴의 빠른 이해 속도와 어떤 주제에 부딪히건 상대방의 눈높이를 정확히 맞춰서 설명할 줄 아는 능력은 정말 놀라웠다.

들리뉴의 호의적인 가르침은 수학에서 멈추지 않았다. 그는 나를 계곡 근처의 산으로 데려가 자전거 하이킹을 가르쳤다(그때 이름도 모르던 '산악

용 자전거'라는 걸 처음 타보았다). 수학자들의 사회에 대해서도 배울 수 있었다. 내가 그에게 정중히 높임말을 쓰자 그가 말하길, 프랑스 수학자들은 서로 반말을 한다, 분위기나 유행 때문에 그러는 게 아니라 대부분 고등사범학교를 졸업한 동문이기 때문이라는 것이다. 프랑스 고등사범학교는 나폴레옹 시절에 설립된 이후 위대한 프랑스 수학자들을 많이 배출한 곳이다.

르네 톰의 유명한 세미나도 여전히 진행되고 있었다. 첫 세미나에서부터 나는 중요한 교훈을 얻었다. 첫째 날 르네 톰은 그 해에 다룰 주제를 소개했다. 한 해 동안 우리는 전년도에 세미나에서 증명한 정리의 결과를 검토해야 했다. 그때 좌중에서 어느 용감한 사람이 손을 번쩍 들고는 반대 사례를 들었다. 토론이 이어졌고 세미나에 참석한 모든 사람이 반대 사례가 옳다는 데 동의했다. 그러자 르네 톰은 전혀 동요되지 않은 표정으로 "이제 우리가 내린 정리의 귀결들을 검토합시다"라고 했다. 중요한 것은 전체의 관점이었다.

대니얼 퀼런(Daniel Quillen)과 안드레이 수슬린(Andrei Suslin)이 '세르 가설(Serre conjecture)'(그가 '문제만 제기했다'는 사실을 강조하긴 했지만 명칭은 그대로 사용된다)을 증명한 것도 내가 연구원에 있던 해였다. 리처드 스완(Richard Swan)과 어빙 카플란스키(Irving Kaplansky), 그리고 그들의 시카고 대학 학생들이 함께 연구하던 문제를 고등과학연구소에(특히 세르에게) 소개해달라고 내게 부탁하기도 했다. 발표하러 나가서 그렇게 떨었던 때가 있었을까 싶다. 그런데 중간에 세르가 갑자기 손을 들더니 내가 발표하는 추론에 작은 문제가 있다고 했다. 나는 그 자리에서 문제를 바로잡았지만 나중에 친구들은 내가 마치 내 증명을 발표하는 듯 떨었다고 했다.

고등과학연구소에서 1년을 보내고 다시 20년이 흘렀을 때 나는 버클리 수리과학연구소의 소장이 되었다. 그때 나는 수많은 젊은 객원 연구원들을 보면서 연구소라는 곳에서 쌓을 수 있는 경험에 대해 생각해볼 여유도 생겼고 또 그럴 만한 충분한 이유도 있었다. 이제 나는 고등과학연구소에서 얻은 것들이 그리 대단한 게 아니라는 것을 안다. 젊은 연구자들(그리고 다른 모든 사람들)에게 연구소가 줄 수 있는 것과 그들에게 큰 영향을 미칠 수 있는 것은 생각할 수 있는 시간, 훌륭한 수학자들과의 교류, 친밀한 분위기, 서로에 대한 존중이다. 프랑스 고등과학연구소는 그것을 나에게 주었다.

데이비드 아이젠버드

크리스토프 슐레(Christophe Soule)
프랑스 국립과학연구원
프랑스 고등과학연구소

바이올린

수학자는 바이올린 만드는 장인과 같다. 수백 년 동안 이어져 내려온 노하우를 전수받는다는 점에서 그렇다. 겉으로는 겸손해 보이지만 그마저도 그들이 알고 있는 지식에서 우러나오는 자신감을 감추지 못한다는 점도 마찬가지다. 페르마의 정리를 증명하려는 것은 크레모나의 바이올린 유약에 담긴 비밀을 파헤치려는 것을 닮았다.

과학의 대가들이 이따금 도움의 손길을 구하는 이도 수학자들이다. 수학자들이 과학자들의 이론이 조화롭고 정확한 음을 내도록 조율해주기 때문이다.

크리스토프 슐레

마틸드 마르콜리(Mathilde Marcolli)
막스 플랑크 수학연구소

수학, 교양, 지식

수학은 인류 문명이 낳은 가장 고도의 지적 활동일 것이다. 헤르만 헤세는 수학자들의 활동을 묘사하기 위해 '유리알 유희'라는 비유를 사용했는데, 허구 작품이니 정확하지 않다는 이유로 비판받지는 않는다. 수학 활동이라는 것에 대해 뭔가 상식적인 말을 한다는 것이 녹록치 않은 일임을 우리는 인정해야 한다.

수학자들 중에는 수학을 플라톤주의적 개념으로 바라보는 사람들이 많다. 무슨 말인고 하니, 수학의 대상과 구조가 인간의 머릿속이 아니라 '이데아의 세계'에 존재한다고 믿는다는 말이다. 그런 믿음을 가진 사람들은 천국에 대해 물어볼 때와 마찬가지로 인간 정신의 외부에 있는 세계가 어디에 있는지, 그 실체가 무엇인지 물어보면 확실한 대답을 하지 못한다. 플라톤의 관점을 따르는 이유 중 많이 등장하는 것이 물리적 세계를 모델화하는 데 수학이 효율적이라는 주장이다. 중력의 법칙에 따라 항성 주위를 맴도는 행성에 살고 있는 기술적 지성을 가진 인간 관찰을 통해 케플러의 법칙을 이

해하리라는 점은 확실하다(만약 행성이 두 개의 항성 주위를 공전해도 그럴 수 있을까). 그러나 아름답지만 추상적인 수학을 가지고 케플러의 법칙을 설명하는 일은 어렵다.

진화된 외계 생명체가 소수의 개념을 이해 못할 것이라고 생각하기는 힘들지만 파생범주(derived category)나 슈투카(shtuka)를 이해할지는 확신할 수 없다. 최근 우리는 입자물리학 모델들이 점점 더 복잡해지면서 점점 더 복잡한 수학이 사용되는 것에 익숙해졌다. 그런 증거도 있지만 나는 플라톤적 수학에 대해서는 아주 회의적이다.

우리의 뇌는 수백만 년의 진화를 거치면서 자연 선택에 의해 발달해왔다. 수학을 만들어내는 능력은 기술과학 문명의 발전 열쇠로서 진화론의 관점에서 우위를 가지고 있다. 영장류인 인간이 다른 동물종에 비해 상대적으로 우월한 위치를 차지하고 있다는 점은 진화론적 관점으로 봤을 때 인간의 뇌가 과학적 사고를 할 수 있는 우월한 능력이 있다는 점을 명백히 증명해준다.

완전히 다른 환경에서 완전히 다른 진화과정을 거친 다른 생명체들의 뇌도 우리가 아는 수학과는 본질적으로 다른 그들만의 수학으로 우리와 비슷한 기술 문명을 이룰 가능성도 있다. 그들의 수학은 예를 들어 소수처럼 우리의 수학과 완전히 다르지 않겠지만 비슷한 점은 아주 적을 것이다. 지적능력이 있는 외계 생명체의 존재는 순수한 이론일 뿐이다. 1970년대에 사강과 슈클로프스키가 그 주제에 대해서는 훌륭하게 다루었으니 나는 이 정도로 해두겠다. 플라톤의 동굴도 마찬가지다.

수학(어쨌든 수학의 많은 부분)이 플라톤이 말하는 천국은 아니다. 그것은 우리의 뇌와 진화가 낳은 부산물일 뿐이다. 그렇다고 수학의 아름다움이 사라지는 것은 아니다. 수학은 오히려 더 흥미로워진다. 인간이 만들어낸 모든 문화의 산물이 그렇듯이 수학에 영향을 끼치고 변화하도록 만든 것은 나머지 문명의 발전이기 때문이다.

오늘날 우리가 알고 있는 수학은 길고도 험난한 여정의 결과다. 그러나 수학은 한곳에 머무르지 않는다. 수학이 얼마나 빠르게 진화하는지 알려면 유

의미한 통계를 내보면 된다. 수학과 관련된 출판물 통계를 낼 때 주요 자료로 쓰이는 매스사이넷(MathSciNet)에는 224만 5,194개의 글이 발표되었다. 요즘은 매해 평균 6만 건의 논문이 이 저널에 실리고 있다(매스사이넷의 통계에는 수학 논문의 일부만 포함된다).

수학을 하기 위한 첫걸음은 수학이라는 학문의 광범위함을 인식하는 것이다. 다른 지식 분야와 마찬가지로 수학에서도 순진무구함은 가장 큰 위험이라고 생각한다. 수학자는 그냥 만들어지는 것이

아니다. 10년 넘게 공부하고 활발하게 연구 활동을 벌여야 수학자가 될 수 있다. 그 10년도 최소한의 수학 지식을 습득하고 수학이 다루는 것이 무엇인지 이해하는 데 필요한 노하우를 얻는 데 걸리는 시간이다. 수학을 제대로 시작하려면 여러 단계를 거쳐야 한다.

그중 한 단계는 통과하기 무척 힘들어서 수학자로서 갖추어야 할 성숙함을 모두 갖추었는지 알아볼 수 있는 좋은 기준이 된다. 그것은 제대로 흥미로운 주제를 집어낼 줄 아는 능력이다. 수학에서는

그저 재미로 할 수 있는 일이 많다. 마르셀 뒤샹도 도발적인 조각 작품에 "빗살의 수에 따라 빗의 등급 매기기"라는 제목을 지은 적도 있다.

진정 흥미로운 수학은 빗의 등급을 매기는 기술적 연습이 아니다. 수학 연구 결과가 뜻밖에도 가치를 발휘할 때는 예상치 못했던 분야와 연결될 때이다. 전혀 관계가 없을 것 같던 결과나 구조를 연결시켜 겉으로 보기에 서로 다른 현상들의 구조 속에 유사성이 있다고 인정하는 것이다. 그러려면 지식이 필요하다. 존재하지 않는 것을 인지하기 위해 존재하는 것 안에서 어려움 없이 나아갈 수 있어야 한다.

수학 분야에서 순진무구함은 목적 없는 게임의 어두운 구석에 매장되는 결과만을 남길 때가 거의 대부분이다. 지식은 암초에 부딪히지 않고 항해하고자 하는 수학자에게 꼭 필요한 등대와 해도를 제공한다.

책 한 권 읽지 않고 대단한 정리를 만들어내는 천재적인 독학자에 대한 신화가 널리 퍼져 있는 것이 사실이다. 그러나 그 신화를 바탕으로 하는 일화들은 대부분 사실이 아닌 것으로 드러났다. 실제로는 미래의 수학이 만들어지려면 많은 시간을 읽는 데 할애해서 과거의 수학과 현재의 수학에 대한 지식을 쌓을 필요가 있다. 독학은 창의성을 메마르게 할 뿐이다.

글을 통해 지식을 전수하는 것은 창의성을 촉발시키는 유용한 역할도 하지만 무엇보다 인간을 인간답게 만들어준다. 그것은 문명의 진보를 이끄는

열쇠이다. 우리가 책을 읽고 공부를 하는 것은 그렇게 함으로써 즐거움을 얻기 때문이다. 또 고립된 조각이 아니라 인류 전체의 일원이 되고 싶기 때문이다. 존 던의 유명한 시처럼 "인간은 섬이 아니다. 인류의 일원인 인간은 대륙의 한 조각이오, 전체의 부분이다."

수학의 흥미로운 특징은 바로 보편성이다. 그 보편성은 우리에게 건널 수 있는 다리를 제공하고 인류를 분산시킨 무의미한 지리적, 역사적 차이를 넘어서게 한다. 수학은 우리의 뇌가 생산하기 위해 연결되어 있는 공동의 언어다. 그 언어는 인류의 과학 발전과 기술 발전을 이끌어줄 뿐만 아니라 심오한 철학적, 예술적 추구를 가능하게 한다.

그것은 사실 수학을 다른 분야의 지식과 구별 짓게 하는 참 오묘한 특징이다. 수학은 자연과학에서도 미술에서도 통한다. 꿈의 비상, 시각적이고 시적 이미지, 미학적 고찰이 춤을 주도하고 가장 엄격한 과학 법칙과 지혜롭게 삶을 공유한다.

뇌가 수학을 만들어내는지 이해하려고 했던 뇌과학자들이 수학과 '숫자 감각'을 혼동하는 것은 안타까운 일이다. 숫자 감각은 수학과는 완전히 다른 지적 능력이다(숫자 감각이 없는 수학자들은 헤아릴 수 없이 많다). 수학은 구조를 만들어내는 것이다. 수도 흥미로운 구조를 가지고 있지만 비교는 여기에서 멈추자.

인간의 뇌에서 수학이 어떻게 만들어지는지 알게 되면 그것은 곧 인간의 뇌를 이해하는 훌륭한 지름길이 될 것이다. 창의성과 상상력뿐만 아니라

정확한 목적을 가지고 이미지와 상징을 조작하는 능력이 어떻게 작동하는지 완전히 이해할 수 있게 될 것이기 때문이다.

인간은 왜 수학을 하는지에 대한 물음에 답이 있다면 그것은 즐거움일 것이다. 자연선택에 의한 진화의 부산물이라는 것은 우리가 무엇인가를 즐겁게 하면 그것이 우리 유전자의 생존에 좋다는 뜻이다. 수학은 과학과 기술에 응용되어 인류 모두에게 이롭지만, 우리가 수학을 좋아하는 것은 그런 이유 때문이 아니다. 새로운 수학을 기쁜 마음으로 탐험할 때 우리가 생각하는 것은 이것이 실제로 어디에 응용될까 하는 것이 아니다. 그것은 사랑을 나눌 때 유전자 칵테일을 만드는 게 얼마나 중요한 일인지 생각하지 않는 것과 마찬가지다.

마틸드 마르콜리

알레산드라 카르보네(Alessandra Carbone)
프랑스 국립보건의학연구소
파리6대학

시간의 문제

나는 몇 년 동안 프랑스 고등과학연구소에 몸담으면서 수학과 분자생물학의 접점을 연구했다. 그것은 내게 매우 새로운 지적 활동이었다. 수학은 분자생물학과는 달리 데이터를 요구하지 않는다. 분자생물학은 연구의 진행 방식과 방법, 그리고 직감이 데이터 분석과 아주 밀접하게 연결되어 있다. 수학에서의 정리는 알려진 데이터에서 추출한 가정을 수치상의 확인으로 대체된다. 사실 전적으로 이론적인 생각이 진화와 공진화의 이해를 발전시킬 것 같지는 않다. 에릭 랜더(Eric Lander)와 마이클 워터맨(Michael Waterman)의 게놈 시퀀스 분석처럼 확률이 중요할 때도 있다. 다수 유기체의 게놈 시퀀스가 병렬로 재구축되는 것을 가능하게 해주는 기본 조건의 문제와 그렇게 근본적인 문제에 대한 확률 모델화를 조명하는 것은 미생물의 생물학과 미생물의 환경을 새롭게 이해할 수 있도록 해줄 것이다. 오늘날의 유전체학은 '환경'을 정의에 포함하는 경향이 있다. 환경을 구성하는 수백 만 개의 미생물과 어떻게 상호작용하는지를 통해 호

모사피엔스를 이해하는 방식인 것이다. 단세포 생물과 다세포 생물을 환경과 결부지어 이해하는 것은 우리 모두가 기대하는 미래 생물학으로 나아가는 전환점이 된다. 미래 생물학에서는 공간과 측량을 수학적으로 형식화해서 생물을 환경에 따라 분류할 수 있는 길이 열릴 것이다.

생물학적 현상 중에는 일단 정의가 이루어지면 견고한 개념이 되는 현상들이 있다. 그 개념들을 해독하고 올바르게 소개하는 것이 과제가 된다. 적절한 정의와 가정을 추구하는 것은 수학적 사고를 필요로 하고 다양한 데이터를 살피는 것은 엄격함과 비판적 자세를 요구한다. 가설은 통계와 조합을 섞어놓은 수치상의 방법으로 증명되어 생물학적 가정이 필요 없을 수도 있다. 알고리즘은 데이터 분석에 아주 중요한 역할을 한다. 빠르고 자세한 탐구에 필요한 알고리즘 구조는 정보 처리의 타당성이 갖는 이론적 한계에 부딪히게 한다. 여기에서는 정보 처리과정을 통해 생물학적 신호를 찾아내는 것이 문제다. 그러려면 통계와 진화에 대한 깊은 이해와 밀접한 관련이 있는 생물학적 문제에 대답하는 데 필요한 조합의 상호작용을 발전시켜야 한다. 지금으로서는 생각하기 힘든 이 방법이 실현되려면 앞으로 많은 시간이 걸릴 것이다.

수학과 분자생물학의 상호작용이 수학계(또는 물리학계)에 빠르게 스며들기란 쉽지 않다. 물론 시간이 해결해줄 문제이겠지만 지금으로서는 두 세계가 아직 서로 많이 떨어져 있다.

알레산드라 카르보네

장 프랑수아 멜라(Jean-François Méla)
파리13 대학

그 시대, 그들이 주도한 혁신

내가 박사논문을 준비하던 파리11대학은 당시만 해도 '오르세 과학대학'에 불과했다. 그곳에는 장 피에르 카안(Jean-Pierre Kahane)과 폴 말리아뱅(Paul Malliavin)이 주축이 되어 개설된 조화해석학에 관한 세미나가 있었다. 세미나에 참가했던 사람들은 아직도 감격스럽고 행복한 기억을 가지고 있다. 그곳에서는 안토니 지그문트(Antoni Zygmund), 레나트 칼레슨(Lenaart Carleson), 월터 루딘(Walter Rudin), 칼 슈타인(Karl Stein), 이츠하크 카츠넬슨(Yitzhak Katznelson) 등 '미세해석학'의 대가들을 만날 수 있었다. 다양한 국적을 가진 많은 젊은 연구자들이 열정을 품고 몰려들어 세미나를 더욱 풍요롭게 만들었다. 모험의 기운이 맴돌던 세미나에서는 매주 새로운 발견과 희한한 문제들이 쏟아져나왔다. 젊은 연구자 중 한 명이었던 이브 메이에르(Yves Meyer)도 과장을 섞어 추억하곤 한다. "그때가 얼마나 좋았던지 우리 모두 그냥 다 죽어버렸어야 했는데 말이야……."

그 축복받은 시절에 강을 건너 명성이 자자했던 동료들이 머무는 맞은편 수도원에 가야겠다고 생각한 사람은 아무도 없었을 것이다. 그 성전은 대수기하학이었고 동료들은 그로텐디에크의 제자들이었다. 그곳에서는 '미세해석학'이 시대에 뒤떨어졌고 우리들이 '곤충학적' 접근법을 가지고 있다고 가볍게 놀리고는 했다(프랙탈은 아직 유행이 아니었다).

그 시절 수학의 지평은 흥미롭긴 했지만 아직 개척이 덜 된 땅과 비슷했다. 연구소나 영미계의 학과 개념도 아직 불확실했다. 오르세 과학대학은 그런 의미에서 선구자 역할을 했다. 게다가 지나치게 집단적인 목표를 내세우면 뛰어난 개인을 제치고 우둔한 전체에 혜택을 주는 것은 아닌가 하는 의심을 샀다.

10~15년이 흐른 지금, 아름답던 청년 수학자들은 나이를 먹었다. 1986년 프랑스 수학과 교수의 절반이 40~47세였다. 잠시 지나가는 얘기를 하자면, 그해에 조교수 공석은 16개였다. 국립과학연구원에서 수학이 차지하는 아주 작은 비중도 비난을 받았다. 게다가 재정적인 면에서도 우리에게 주어

진 것은 연필과 지우개가 고작이었다. 프랑스가 버클리 국제학술대회에 기여하는 바도 한탄스러울 지경이어서 프랑스 외교단의 부재가 뚜렷이 느껴졌다.

우리는 세상이 변했다는 것을 알게 되었다. 수학이라는 것이(분야가 무엇이든) 미래를 위한 '전략적 자원'이라는 사실을 동시대 사람들에게 설득하는 능력이 있어야 한다는 것도 배웠다(미국 수학자들은 이미 그렇게 했다). 경제적, 사회적 역할보다는 연구 자체에 더 힘을 쏟는 수학자들에게는 잔인한 딜레마였다. 다행스럽게도 나는 당시 그런 쟁점을 100퍼센트 인지한 '친구들 무리'에 속해 있었다. 그들은 프랑스수학협회 활동에 주력했고 선각자 역할을 위해 내게 협회장을 맡겼다. 무리의 '선지자'는 장 피에르 부르기뇽이었다. 내가 회장직을 받아들이면서 정말 하기 싫은데! 했을 때 그는 분명 심기가 불편했을 것이다. 그 뒤로 그의 영향력은 유럽 전역까지 위세를 떨쳤다.

1987년 에콜폴리테크닉에서 '미래의 수학'이라는 학술대회가 개최되었다. 이 대회는 기대 이상으로 정책 결정자들(그때까지 대규모의 학문 프로그램에는 부재했다)의 마음을 수학 쪽으로 움직이는 계기가 되었다. 수학자들 자체도 유럽과 세계 차원에서 조직을 갖추는 일이 얼마나 중요한지 인식하게 되었다. 그런 의미에서 프랑스 고등과학연구소는 수학의 다원성에 크게 열려 있는 주요 기관으로 자리 잡았다. 연구원의 성과는 굳이 여기에서는 언급하지 않겠다.

덧붙여 말하자면 오르세 과학대학 '미세해석학'의 뛰어난 계승자인 장 부르갱(Jean Bourgain)은 고등과학연구소의 전임교수로 채용되었고 9년 뒤 필즈 상을 수상했다. 강을 건넌 것이다. 그렇다. 시대가 변했다.

장 프랑수아 멜라

장 피에르 부르기뇽
프랑스 국립과학연구원
프랑스 고등과학연구소

이 책을 탄생시킨 비전

"하늘 혹은 수(數)의 바닥에서
차분하고 심오한 눈빛에 저항하는
안개와 대수학은 존재하지 않는다.
내가 바라본 벽은 처음에는 불분명하고 희뿌옇다.
벽의 행태는 파도처럼 넘실거렸고
벽의 모든 것은 증기, 현기증, 환상 같았다.
그러나 나의 눈동자가 더 밝아지고 선명해지자
사색에 잠긴 나의 눈앞에
그 이상한 비전은 안개가 걷히듯 뚜렷해졌다."

빅토르 위고의 『세기의 전설』을 여는 이 글을 읽은 나의 첫 반응은 놀라움이었다. 중요한 책을 쓰는 작업을 시작한 수학자의 활동을 아름다운 언어로 그려 보이고 있는 글이 더할 나위 없이 적절하다고 생각했기 때문이다. 그 놀라움은 곧 확신으로 변했다. 방대한 계획은 먼저 초안을 만들어야 하고 그 초안은 '비전'을 품고 있어야 한다. 그리고 끈기만이 그 초안을 다른 사람에게 보여도 부끄럽지 않은 글로 변화시킬 수 있다. 거기에서 멈추지 않는다.

저자이자 수를 해독하는 수학자는 백 번이고 천 번이고 연구를 해서 그 노력 끝에 확신과 동조의 힘을 얻는다. 한마디로 말하면 한 번도 상상하지 못했던 숨결을 얻는다. 연구를 통해 얻을 수 있는 가장 소중한 교훈은 노력으로 얻는 결실이 아닐까?

그 과정을 글을 쓰는 것에만 한정 지을 필요는 없다. 인간이 세운 많은 계획에 훨씬 더 들어맞는 이야기이기 때문이다. 레옹 모샹도 비전을 가지고 움직였기 때문에 모든 불신을 물리치고 고등과학연구소를 설립하고 발전시킬 수 있었다. 고등과학연구소는 1950년대 프랑스에서는 설립 자체가 불가능했던 독특한 기관이다. 레옹 모샹은 그의 운명을 믿었다. 불가능한 환상을 일시에 날려버린 숨결을 받아 운명을 만들어갔던 때가 분명 많았을 것이다. 그의 뒤를 잇는 사람들이 있었기에 연구원도 계속 주어진 길을 가고 있다. 그러나 연구원도 운명을 끊임없이 개척해야 한다. 그것은 그 누구도 따라하지 않는다는 예외의 법칙이다.

빅토르 위고의 서사시로 다시 돌아가보자. 세기

의 전설 한가운데에 수학을 놓는 새로운 흐름을 꿈꿀 수 있을까? 모든 문화를 양식으로 삼아 그것을 초월해서 새로운 차원의 문화를 만들어가는 수학이 가능할까? 늘 새로운 수학의 모험은 하나의 도전에서 또 다른 도전으로 이어진다. 그 도전은 수학이라는 영토 안에서 생겨날 수도 있고 다른 과학자들, 엔지니어들, 혹은 의문이 생겼을 때 모르고 지나가는 것을 참지 못하는 호기심 많은 이들이 가져다주는 외부의 원천에서 생길 수도 있다.

그러나 환상에 젖지 말자. 빅토르 위고 같은 위인들은 완성된 미의 추구와 몇몇 진리의 빛나는 정복으로 인류의 기억 속에 영원히 남을 수 있지만, 우리에게는 수공예 장인처럼 연구를 마무리해야 할 흥미로운 과제가 남아 있다. 그래도 우리가 학문의 사슬을 이어나갔다는 것과 우리의 시력이 아직 멀쩡할 때 끈기를 가지고 배운 몇몇 기술을 견습공에게 전수했다는 확신을 가져야 한다.

피에르 부르기뇽

드니 오루(Denis Auroux)
프랑스 국립과학연구원
매사추세츠 공과 대학

수학 길들이기

처음 본 사람이 내 직업이 뭐냐고 물으면 나는 수학자라고 대답한다. 내 대답을 들은 사람이 보이는 반응에는 그 사람이 하는 걱정('어쩌지? 난 수학은 정말 젬병인데')과 호기심('수학? 수학으로 연구를 한다니 그게 뭐지?')이 자연스럽게 드러난다. 수학을 길들이는 데에는 거듭된 노력이 필요하다. 그리고 수학자의 길로 접어든 순간에는 걱정보다는 호기심이 앞서야 한다.

내가 처음 수학 연구를 접했던 때가 생각난다. 도저히 이해할 수 없을 것만 같은 개념들 때문에 발을 동동 굴렀고 결국 이해하지 못했을 때에는 실망감에 휩싸였다. 그러나 호기심이 발동해서 매주 빠지지 않고 세미나에 참석했다. "칼라비 야우 다양체를 X라 하자." 매번 똑같은 의식으로 시작된 세미나는 이해할 수도 없고 끔찍한 주문으로 이어졌다.

수학을 길들일 수 있도록 도와준 사람들 덕분에 (누가 누구인지 본인들이 다 알 것이다) 이제 나는 더 이상 수학이 무섭지 않다. 나는 진짜 수학자이고

내 발표도 "칼라비 야우 다양체를 X라 하자"로 시작한다(왼쪽 사진을 보시라). 이 짧은 문장 다음에 이어지는 말들은 청중 중 적어도 한 사람에게는 끔찍한 경험일 것이다. 그러나 그 사람이 수학의 아주 작은 조각을 길들일 수 있도록 내 설명이 도움이 되기를 바란다. 꼭 이해하는 데 도움이 되라는 것은 아니다. 겁을 던져버리는 데 도움이 되면 그만이다. 겁이 없어야 이해를 할 수 있고, 수학이라는 긴 학문의 길에서 전진할 수 있기 때문이다.

드니 오루

알렉산드르 우스니치(Alexandr Usnich)
프랑스 고등사범학교

세 줄기 빛

점심 ：

어느 날 나는 일본의 저명한 수학자 모리 시게후미와 점심식사를 했다. 그 어떤 이유에서건 그와 대화를 나눌 수 있는 기회를 놓칠 수 없었다. 그러나 수학과 관련된 질문은 피하고 싶었다. 생각을 해보거나 책을 뒤져보면 나 혼자서도 답을 찾을 수 있기 때문이다. 하지만 생각 끝에 나는 제자의 자세를 취했다. 나는 아무리 일반적인 내용이라도 무엇보다 실존적인 문제를 물어보고 싶었다. 그래서 결국 생선회를 먹기 직전 나는 수학에서나 삶에 있어서나 나에게 어떤 조언을 줄 수 있느냐고 물었다.

그의 대답은 마치 선문답처럼 간단하면서도 많은 의미를 담고 있었다. "정말 하고 싶은 일을 해야 합니다." 아주 간단명료했다. 우리는 새로운 것을 배우는 것이 아니라 오래전부터 알고 있던 것에 대해 확신을 갖게 되는 것이다. 가장 간단한 말이 가장 큰 영감을 준다.

미지의 것 :

미지의 것보다 민주주의적인 것은 별로 없다. 미지의 것 앞에서는 선입견이 통하지 않고 누구나 그 존재가 갖고 있는 준엄한 법을 따른다. 학문에서 미지의 것은 인간의 수준으로 해결이 된다. 앞으로 나아가면 어둠은 걷히기 마련이다. 이상은 미지의 것에 대한 '소프트' 버전이다. 죽음을 면전에서 바라보고, 죽음을 바라보는 자들의 눈과 눈이 마주친 의사와 군인들의 미지의 것과 아주 멀리 떨어진 그 미지의 것은 견디기 힘들다. 자제할 수 없는 앎에 대한 욕구. 모르는 것에 대한 두려움이라도 있는 것일까.

예상하지 못한 것 :

예상하지 못한 것은 삶을 다양한 물감으로 채색하고 새로운 가능성의 문을 열어준다. 의지대로 삶을 이끌어가는 사람들은 예상하지 못한 것이 닥치도록 내버려두길. 무슨 일이 일어날지 모른다는 것 때문에 낙담할 수도 있다. 왜 우리가 생각한 대로 일이 진행되지 않은 것일까? 어쩌면 우리가 많이 생각하지 않았기 때문일지도 모른다. 충분히 생각한다면 어떤 일이 생길지 미리 알 수도 있으리라. 지혜는 과거에서 나오고, 미래를 만들며, 예상하지 못한 것을 드러낸다.

알렉산드르 우스니치

막심 콘체비치(Maxim Kontsevich)
프랑스 고등과학연구소
필즈 상
크라포르드 상
이아골니체르 상

수(數)를 넘어서

자기와 다른 분야를 연구하는 동료를 약간 무시하는 것이 수학자에게는 흔한 일이다. 목적도 없고 따분하기 그지없는 주제를 연구하는 이 인간이 느끼는 변태적 즐거움은 뭘까? 다른 분야가 숨기고 있는 아름다움을 느껴보려고 노력했음은 물론이다. 하지만 무엇이 그렇게 흥미로운지 전혀 알 수 없는 분야가 많다.

사람들은 자신의 약점을 수학에 투사할 때가 많다는 것이 내 이론이다. 몇 가지 분명한 사례들이 금방 머릿속에 떠오른다. 대상을 분류하는 것은 수집가의 본능을 드러내는 것이고, 최댓값을 구하려는 것은 탐욕의 발상이다. 계산가능성과 결정가능성 문제를 연구하는 것은 뭐든지 완전히 장악하고 싶은 욕구에서 시작된다. 반복과정에 홀딱 빠져 있는 것은 리듬 있는 음악에 취해 있을 때와 비슷하다.

물론 대상을 분류하는 것은 복잡한 구조를 분석하는 데 유용할 수 있고, 아주 단순하게 대상을 외

우는 데 좋은 방법이다. 매개변수가 달라질 때 양이나 한계선의 최댓값을 알면 그것이 취할 수 있는 값 전체를 알 수 있다. 또 계산가능성의 이론적 결과는 컴퓨터 실험에서 실질적으로 유용할 수 있다.

그러나 나는 수학을 하려는 동기는 형식화할 수 있는 구체적이고 대표적인 사례에 감춰진 메커니즘을 이해하려는 욕구에서 나온다고 생각한다.

수학이 가진 '비인간적인 측면'을 더 끌고가면 자연적으로 다음 단계는 실수(實數, 물리적 세계의 근본적인 성질에서 나오는)를 조금 더 복잡한 폐쇄된 비대수체의 또 다른 사례로 보는 것이다. 복소수가 훨씬 아름다운 것도 어떤 면에서는 사실이다.

그러나 실수가 정말 중요하다는 것 또한 사실이다. 추상적인 대수 구조의 한계와 장악을 재현하기 때문이다. 우리는 모두 가장 심오한 의미의 기하학자들이다.

막심 콘체비치

세드릭 빌라니(Cédric Villani)
리옹1대학
앙리 푸앵카레 연구소
프랑스 고등과학연구소
필즈 상
페르마 상
국제수리물리학협회 앙리 푸앵카레 상

천 개의 팔

2010년 8월 19일 인도의 하이데라바드 대형 호텔에는 세계에서 가장 많은 수학자들이 모였다. 세계 각지에서 이곳으로 찾아온 수학자들은 모두 특별한 수학 능력을 가지고 왔다. 해석학, 대수학, 기하학, 확률, 통계, 미분방정식, 논리학, 대수기하학, 기하적 대수학, 거리공간과 초거리공간, 조화해석학, 수의 확률 이론, 모델과 슈퍼모델 발견자들, 경제와 미시경제 이론의 창시자들, 슈퍼컴퓨터와 유전 알고리즘의 고안자들, 이미지 처리와 바나흐 공간의 개발자들, 여름의 수학, 가을의 수학, 겨울의 수학, 봄의 수학……. 그 밖에도 수많은 전문 분야를 가지고 모인 그들은 마치 천 개의 수학이라는 팔을 가지 위대한 시바 신의 모습이다.

필즈 상, 가우스 상, 네반린나 상, 첸 상을 수상한 네 명의 수학자들은 한 사람씩 시바 신에게 제물로 바쳐진다. 대여사제인 인도 여회장은 운집한 군중 앞에서 겁에 질린 일곱 명의 수학자들을 소개한다.

국제수학연맹의 잔치는 그렇게 시작된다. 2주 동안 계속될 잔치에는 발표, 토론, 리셉션, 칵테일 파티, 인터뷰, 사진 촬영, 대표단, 즐거운 댄스파티, 고급 택시나 낭만적인 릭샤를 타고 시내 한 바퀴 돌기 등이 이어진다. 사람들은 수학의 통일성과 다양성, 항상 변화를 추구하는 수학, 완성된 연구의 기쁨, 발견이 주는 황홀감, 미지의 것에 대한 꿈을 축하한다.

잔치가 끝나면 수학자들은 각자의 대학과 연구소, 기업, 또는 가정으로 돌아가 수학 탐험의 대장정을 다시 시작할 것이다. 논리와 피나는 노력뿐만 아니라 상상력과 열정을 다해 그들은 인류가 가진 지식의 경계를 넓힐 것이다

이제 그들은 2014년 호랑이를 닮은 유서 깊은 한국에서 열릴 국제수학연맹의 잔치를 기다린다. 그때 다뤄질 주제는 무엇일까? 이번에는 또 누가

제물로 바쳐질까?

수천 명의 수학자들이 늙은 호랑이에게 존경을 표할 것이다. 그들은 구불구불한 호랑이의 실루엣을 탐구하고 완벽한 대칭성을 공리화하며, 항상 변화하는 우발성을 시험하고, 줄무늬의 반응확산계를 분석할 것이다. 수염에 미분 연산 수술을 시행하고, 날카로운 발톱의 곡선을 측정할 것이며, 양자 잠재력의 우물에서 호랑이를 꺼내줄 것이다. 호랑이와 함께 수염을 털어가며 신성한 끈이론 담배를 피울 것이다. 며칠 동안 힘센 호랑이는 꼬리 끝에서 코끝까지 수학자로 변신할 것이다.

세드릭 빌라니

아래 사진들은 장 프랑수아 다르스가 2006년 1월에서 현재까지 프랑스 고등과학연구소에서 촬영했으며, 그렇지 않았을 때에는 그러한 사항을 표시해두었다.

12쪽
마이클 아티야

21쪽
알랭 콘과 미하일 그로모프

13쪽
마이클 아티야와 알랭 콘

23쪽
알랭 콘

14쪽
알랭 콘과 마이클 아티야

24쪽
이반 토도로프와 알랭 콘

17쪽
알랭 콘

25쪽
프랑스 고등과학연구소의 공식 고양이,
레베카

18쪽
자크 티츠

26쪽
오용근

20쪽
알랭 콘과 미하일 그로모프

28쪽
오용근

29쪽
오용근

40쪽
자크 딕스미에와 파울루 알메이다

30쪽
오용근

41쪽
파울루 알메이다
2007년 3월 29일 알랭 콘의 날

32쪽
디르크 크라이머

43쪽
응오 바우 쩌우
파리11대학 캠퍼스에서

35쪽
디르크 크라이머

44쪽
게르트 팔팅스
2006년 5월 6일 앙드레 베유
학술대회에서

36쪽
알랭 콘과 디르크 크라이머

45쪽
응오 바우 쩌우
파리11대학에서

36쪽
태즈메이니아를 그리는
디르크 크라이머

46쪽
피에르 올리비에 드에

37쪽
캐런 예이츠

47쪽
엘레나 만토반과 에바 피만

38쪽
파울루 알메이다

48쪽
장 피에르 세르, 2006년 5월 6일
앙드레 베유 학술대회에서

49쪽
크리스티안 예켈과 자크 브로스

58쪽
티보 다무르

50쪽
샹갈 구레비치와 리앙 공

59쪽
빅토르 칵과 티보 다무르

51쪽
미와 테츠지

60쪽
뱅상 몽크리에프, 티보 다무르, 월리스,
세실 드윗

52쪽
허버트 강글

62쪽
세실 드윗과 나탈리 르 보비넥

53쪽
게르트 팔팅스, 2006년 5월 6일
앙드레 베유 학술대회에서

63쪽
연구회의, 매릴린 앤 제임스 시몬스
컨퍼런스센터

55쪽
소피 드 빌

64쪽
이본 쇼케브뤼아

56쪽
티보 다무르

66쪽
세실 드윗, 이본 쇼케브뤼아, 월리스,
티보 다무르

57쪽
알렉산드로 나가르,
게리 깁슨, 티보 다무르

67쪽
이본 쇼케브뤼아, 클로드 쥘리,
세르지우 클라이너만

68쪽
아른트 베네케

78쪽
김민형

70쪽
아른트 베네케

80쪽
김민형

71쪽
매릴린 앤 제임스 시몬스 대강당

82쪽
김민형과 윌리엄 스타인

73쪽
프랑수아 앙블라르와 아닉 렌

85쪽
니키타 네크라조프와
마르코 구알티에리

74쪽
아닉 렌과 피에르 카르티에

86쪽
니키타 네크라조프

75쪽
마이클 베리, 2006년 11월 23일
하야시바라 포럼에서

87쪽
니키타 네크라조프

76쪽
티타임

88쪽
니키타 네크라조프와
마르코 구알티에리

77쪽
티타임

89쪽
니키타 네크라조프

91쪽
니키타 네크라조프

93쪽
야니스 블라소풀로스

94쪽
야니스 블라소풀로스

95쪽
하늘에 구멍이 뚫렸다

96쪽
이반 토도로프와 빅토르 칵

97쪽
막심 콘체비치

97쪽
피에르 카르티에

98쪽
안나 비엔하르트

99쪽
조반니 란디

100쪽 매릴린 앤 제임스 시몬스
컨퍼런스센터

101쪽
피에르 들리뉴,
프랑스 고등사범학교 교내

102쪽
클레르 부아쟁

103쪽
향유고래(그림 : 노라 렌)

104쪽
장 마르크 데주이에

105~107쪽
피에르 카르티에와 알랭 콘

108쪽
피에르 카르티에

109쪽
피에르 카르티에

119쪽
크리스토프 브뢰유

110쪽
피에르 카르티에

121쪽
로랑 베르제

111쪽
피에르 카르티에

123쪽
크리스토프 브뢰유와 로랑 베르제

112쪽
피에르 카르티에의 세미나를
수강하는 러시아 학생들

124쪽
마틸드 랄랭

113쪽
러시아 학생들이 수강하는
피에르 카르티에 세미나,
레옹 모산 대강당

125쪽
마틸드 랄랭과 디르크 크라이머

114쪽
알리 샴세딘과 조란 스코다

126쪽
요르겐 요스트

115쪽
알리 샴세딘과 알랭 콘

127쪽
헨리 터크웰, 보리스 거킨 , 요르겐 요스트

116쪽
크리스토프 브뢰유

129쪽
헨리 터크웰

130쪽
헨리 터크웰과 보르스 거킨

131쪽
피아노를 치는 아서 와서맨과
돈 자이저

133쪽
알랭 콘, 카티아 콘사니,
파블로 알루피

134쪽
카티아 콘사니와 프레데릭 포감

135쪽
오스카 랜포드와 위르겐 프뢸리히

137쪽
위르겐 프뢸리히와
오스카 랜포드

139쪽
위르겐 프뢸리히

140쪽
위르겐 프뢸리히

141쪽
위르겐 프뢸리히와 크리스티안 예켈

142쪽
위르겐 프뢸리히

143쪽
위르겐 프뢸리히와 크리스티안 예켈

144쪽
실비 페이샤와 뤼사르 네스트

145쪽
실비 페이샤와 뤼사르 네스트

146쪽
데니스 설리번

147쪽
데니스 설리번

149쪽
자크 티츠, 콜레주 드 프랑스에서

150쪽
자크 티츠, 자택 발코니에서

157쪽
에티엔 지스와 잉그리드 피터스

151쪽
웬디 로웬

158쪽
엘리자베트 야세랑

152쪽
마이클 베리

158쪽
발레리 랑데

155쪽
나탈리 드뤼엘

158쪽
세실 셰이슈크

156쪽
프랑스 고등과학연구소의
정문 밤풍경

158쪽
티보 다무르와
마리 클로드 베르뉴

156쪽
에마뉘엘 에르망과 루이스 알폰소

158쪽
말비나 뒤사르

157쪽
프랑수아 바슐리에와 올가 포스펠로바

159쪽
장 피에르 부르기뇽

159쪽
마르셀 베르제

160쪽
도미니크 기예와 주느비에브 미에난디

160쪽
크리스틴 봉탕

161쪽
에르만 발리지오

161쪽
카트린 응위엔

161쪽
마르크 모니에와 샤넬

161쪽
조아나 제임스, 오렐리 브레스트, 카롤린 보지르, 카를린 응위엔, 에마뉘엘 에르망, 나탈리 카레, 엘렌 윌킨슨, 에르망 발리지오, 크리스틴 봉탕, 레진 르포리, 로랑스 보파랭, 필로메나 세아브라, 마르크 모니에, 루이스 알폰소

162쪽
파트릭 구르동과 제니퍼 요부아

163쪽
빅토르 칵과 조아나 제임스

165쪽
와키모토 미노루와 빅토르 칵

166쪽
와키모토 미노루와 빅토르 칵

167쪽
와키모토 부부, 뷔르 역에서

168쪽
티타임

171쪽
빅토르 칵과 미하일 그로모프

173쪽
미하일 그로모프

175쪽
미하일 그로모프

177쪽
에티엔 지스, 2007년 8월 29일
장 피에르 부르기뇽의 날
에콜폴리테크닉에서

178쪽 에티엔 지스,
2007년 8월 29일 장 피에르
부르기뇽의 날 에콜폴리테크닉에서

181쪽
김인강

182쪽
데이비드 아이젠버드와
바버라 아이젠버드

185쪽
크리스토프 술레

187쪽
마틸드 마르콜리

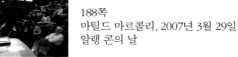

188쪽
마틸드 마르콜리, 2007년 3월 29일
알랭 콘의 날

190쪽
마틸드 마르콜리와 파울루 알루피

191쪽
알렉산드라 카르보네와
스벤 메세케

192쪽
알렉산드라 카르보네

195쪽
장 프랑수아 멜라, 파리13대학에서

197쪽
장 피에르 부르기뇽과
펠리스 부이노

198쪽
장 피에르 부르기뇽과 히로나카
헤이스케, 파리 일본문화원에서

199쪽
야우싱퉁과 막심 콘체비치,
2007년 8월 30일 장 피에르
부르기뇽의 날

200쪽
드니 오루

201쪽
에우제니오 칼라비와 야우싱퉁, 2007년 8월
29일 장 피에르 부르기뇽의 날
에콜폴리테크닉에서

202쪽
올가 포스펠로바와 알렉산드르 우스니치

203쪽
알렉산드르 우스니치와
제프리 지안시라쿠사

204쪽
알렉산드르 우스니치

205쪽
프랑스 고등과학연구소의 밤

206쪽
막심 콘체비치

207쪽
막심 콘체비치

209쪽
막심 콘체비치

210쪽
세드릭 빌라니

211쪽
세드릭 빌라니

211쪽
세드릭 빌라니

211쪽
세드릭 빌라니

감사의 글

장 프랑수아 다르스, 아닉 렌, 안느 파피요는 프랑스 국립과학연구원(CNRS)의 일원이라는 사실이 자랑스럽다. 그곳에는 설립자들의 정신과 그들의 뒤를 이은 훌륭한 운영자들의 정신이 재 속의 불씨처럼 간직되어 있다. 그 정신은 조건을 따지지 않는 너그러움이다. 비록 그 덕을 보는 연구자들은 머릿속 아이디어에서 실재적인 것 혹은 실현 가능한 것을 꺼내놓아야 하는 의무가 있긴 하지만 말이다.

우리 세 사람은 기초학문 연구의 요람이자 교차로, 그리고 선봉장 역할을 하는 프랑스 고등과학연구소에 감사의 말을 전한다.

수학의 세계와는 담을 쌓고 살았던 우리 세 사람 중 두 사람은 드넓은 수학의 세계를 잠깐이나마 엿볼 수 있었다. 일상에서도 비범함으로 빛나는 사람들과 함께 항해하면서 마치 바다에 사는 육지생물인 사이렌이 된 듯 모순적인 삶을 경험했다.

계산과 가설에 빠져 사는 부족의 놀라운 능력과 범인으로서 그들이 갖는 단점을 바라볼 수 있었던 이번 여행에서 그런 확신이 들었다. 그곳에서 경험한 것이 인류 전체에게도 해당하는 이야기이며, 유일한 차이점이라면 강도의 차이만 있을 뿐이라는 것을.

우리 세 사람에게 그 시간은 목적지를 마음대로 정할 수 있는 시간 여행처럼 특별한 순간이었다. 마치 로렌초 로토가 그림을 그리는 모습이나 로베르트 슈만이 곡을 쓰는 모습을 몰래 엿볼 수 있었던 것처럼……

| 찾아보기 |

김민형 79, 83, 216

김인강 180, 181, 222

나탈리 드뤼엘 154, 155, 220

니키타 네크라조프 84, 90, 216, 217

데니스 설리번 139, 146, 147, 176, 219

데이비드 아이젠버드 183, 184, 222

드니 오루 200, 201, 222

디르크 크라이머 33, 36, 37, 97, 214, 218

로랑 베르제 120, 123, 218

마이클 베리 153, 216, 220

마이클 아티야 13, 14, 213

마틸드 랄랭 124, 218

마틸드 마르콜리 186, 190, 222

막심 콘체비치 90, 97, 206, 208, 217, 222, 223

미하일 그로모프 87, 172, 174, 176, 179, 213, 221

빅토르 칵 164, 169, 170, 215, 217, 221

세드릭 빌라니 210, 211, 223

세실 드윗 60, 61, 62, 215

소피 드 뷜 54, 215

실비 페이샤 144, 145, 219

아닉 렌 7, 72, 73, 74, 216, 224

아른트 베네케 69, 70, 216

안나 비엔하르트 98, 217

알랭 콘 36, 213, 214

알렉산드라 카르보네 222

알렉산드르 우스니치 203, 204, 223

알리 샴세딘 116, 218

야니스 블라소풀로스 92, 94, 217

에티엔 지스 176, 179, 220, 222

오스카 랜포드 135, 136, 219

오용근 27, 31, 213, 214

와키모토 미노루 164, 167, 221

요르겐 요스트 126, 127, 218

웬디 로웬 151, 220

위르겐 프뢸리히 138, 142, 219

응오 바오 쩌우 42, 45

이반 토도로프 96, 97, 213, 217

이본 쇼케브뤼아 60, 65, 67, 215

자크 티츠 148, 150, 213, 219, 220

장 마르크 데주이에 104, 107, 217

장 프랑수아 멜라 194, 195, 222

장 피에르 부르기뇽 62, 88, 195, 196, 220, 222, 223

조반니 란디 99, 217

카티아 콘새니 132, 134

캐런 에이츠 37, 214

크리스토프 술레 112, 185, 222

클레르 부아쟁 103, 217

티보 다무르 57, 59, 89, 215, 220

파울루 알메이다 39, 40, 214

폴 올리비에 드에 46

피에르 들리뉴 79, 101, 139, 147, 183, 217

피에르 카르티에 62, 97, 108, 112, 216, 217, 218

헨리 터크웰 128, 130, 218, 219

수학자들

1판 1쇄 펴냄 2014년 8월 8일
1판 5쇄 펴냄 2018년 11월 20일

지은이 마이클 아티야, 알랭 콘, 세드릭 빌라니, 김민형 외
엮은이 장 프랑수아 다르스, 아닉 렌, 안느 파피요
옮긴이 권지현

주간 김현숙
편집 변효현, 김주희
디자인 이현정, 전미혜
영업 백국현, 정강석
관리 김옥연

펴낸곳 궁리출판
펴낸이 이갑수

등록 1999년 3월 29일 제300-2004-162호
주소 10881 경기도 파주시 회동길 325-12
전화 031-955-9818
팩스 031-955-9848
전자메일 kungree@kungree.com
홈페이지 www.kungree.com
페이스북 /kungreepress
트위터 @kungreepress

ISBN 978-89-5820-276-9 03410

값 16,800원